管理從心開始

Management
Starts from the Heart

川水流 ● 著

員工的心,組織的根。
心是一切的答案,我是一切的根源。
激發心的動力,需要從心開始的管理。

財經錢線

謹以此書──

　　　獻給我所有的親朋好友和同事，

　　　獻給選擇本書的讀者，

　　　獻給過去、現在、將來的我。

序

　　說實話，本書不是刻意寫出來的，而是由作為一名基層行政單位負責人的我的工作筆記與底稿匯集而成的。

　　《論語》有雲：「工欲善其事，必先利其器。」當員工面對社會的壓力、職場的重負、事業的坎坷、家庭的困擾，如何把員工的「鬧心」轉化為「順心」，把「心結」轉化為「心智」，把「心理負擔」轉化為「心理資本」？我感到，鑄就一個優秀的團隊，管理需要堅持以人為本與以業務為本的融合。談到人本管理，要統籌管理本我、自我、超我，首要的是管心，進而管思維、管思想、管行為方式。10年前，即2008年1月開始，我出任四川省一基層行政機關的負責人近7年，堅持以每月寫一封公開信的方式與員工展開交流，歷時54個月。而54封公開信相當於交給員工54張撲克牌，員工作為心理建設的主體，是真正的「玩家」。從一定意義上講，本書也是我作為一名基層團隊負責人的管理心學、組織心學的草根實踐之一。基於工作底稿成書，我對個別地方進行了技術性微調，如文中「We.com」，實際上是代指我服務的團隊；又如，有兩封信更多地涉及內部工作事務就未予納入。有朋友戲稱，兩篇信件的空缺，正暗合了「殘缺是美好的」和「滿招損，謙受益」以及留有餘地。我想，這相當於一副撲克牌中的「大王」和「小王」兩張王牌，其實自在心中。

員工心理建設對於引導、服務員工把牢「定盤星」、握穩「方向盤」、種好「責任田」尤為重要。在實踐中，我深切體會到，員工的心，組織的根；心是一切的答案，「我」是一切的根源；激發心的動力，需要從心開始的管理。員工心理建設是在人的頭腦裡搞建設，與業務建設不同，有其自身的複雜性。加之我的能力、學習力乃至作風存有「赤字」，無疑，自己探索和實踐中尚存在諸多遺憾和不足，真誠歡迎讀者不吝賜教。我的初心是希望能夠以此拋磚引玉，吸引更多的具有豐富經驗的理論界、實踐界專家學者共同關注員工心理建設，適應、服務時代和事業。

在實踐中，我學習和借鑑了大量的中外書籍、報紙雜誌及其他文獻資料，瀏覽了許多中外網站，吸收了許多專家學者的成果。本書的出版，也是在西南財經大學出版社李特軍同志、李曉嵩同志的激勵、關心和支持下實現的。在此一併謹表誠摯的謝意！其中的問題和錯誤，概由我負責。

謹以此書獻給我所有的親朋好友和同事，獻給選擇本書的讀者，獻給過去、現在和將來的我。

我將永遠心存感激，更好地服務社會！

川水流

管理從心開始

Contents 目錄

之一	你的安全，我們共同的責任	/ 001
之二	做好美一件簡單的事，我們就不簡單	/ 004
之三	學習與思考—帶著智慧去工作和生活	/ 007
之四	勝利，就在最後一刻的堅持中	/ 011
之五	生活還要繼續	/ 015
之六	秩序，展示我們的精神	/ 018
之七	擁抱一顆感恩的心	/ 022
之八	身心的健康—我們自己可以創造的財富	/ 026
之久	辦法總比問題多	/ 030
之十	知識＋智慧，快樂得不竭之源	/ 036
之十一	和諧，從心開始	/ 041
之十二	自信——人生動力之源	/ 047
之十三	歸零，讓我們實現自我跨越	/ 052

管理從心開始

Contents 目錄

之十四	節約時間——提高生命的效能	/ 056
之十五	自我超越，從點滴進步開始	/ 060
之十六	行勝於言	/ 063
之十七	血在，生命就要向前流動	/ 067
之十八	自我審視，自我修復	/ 069
之十九	有效溝通，鑄就和諧	/ 072
之二十	在取捨之間品味人生	/ 075
之二十一	服務，原來可以是舉手之勞	/ 078
之二十二	每個人都是關鍵時刻的關鍵人物	/ 081
之二十三	閱讀生活，分享快樂	/ 084
之二十四	團隊，我們共同的船	/ 088
之二十五	專注目標，傾力而為	/ 092
之二十六	「We, com」，一支最具潛力的成長股	/ 095

管理從心開始

Contents　目錄

之二十七　跳出定式，走出「想當然」/ 098

之二十八　0.1，績效的關鍵 / 101

之二十九　自我調適，樂在心中 / 104

之三十　　往高處走，往安全處走 / 107

之三十一　我們的星空，因你而更加燦爛 / 113

之三十二　開放包容，跨越團隊的「陷阱」/ 117

之三十三　守住希望，守住生命的光芒 / 120

之三十四　善友，讓我們走得更遠 / 123

之三十五　尊重他人，尊重自己 / 126

之三十六　事不避難，勇於擔當 / 129

之三十七　給力「We, com」，給力2011 / 132

之三十八　放低心境，獲得平衡 / 135

之三十九　踐行低碳，舉手之勞 / 139

之四十　　心在，愛在，一切在 / 142

管理從心開始
Contents 目錄

之四十一　問題，是一座富礦 / 147

之四十二　創新，突破慣性思維的困境 / 150

之四十三　能力，為我們帶來尊嚴 / 153

之四十四　自信自助，讓我們創造奇跡 / 156

之四十五　寫好人生這本書 / 159

之四十六　竹式生存，建設一支包容性團隊 / 164

之四十七　人生如茶，空杯以對 / 168

之四十八　2012，向幸福再出發 / 172

之四十九　責任，是一種能力 / 176

之五十　　團隊健康，需要體檢 / 179

之五十一　自知者智，自知者明 / 182

之五十二　我與團隊同成長 / 186

之一

你的安全，我們共同的責任

● 安全是「1」，金錢、名譽、地位、事業是「0」，沒有安全這個「1」，再多的「0」都沒有意義。

各位同事：

大家好！

再過幾天，就是鼠年的春節了。一元復始，萬象更新。在這吉祥如意的日子裡，我想和大家談談安全問題。

前不久，我在回家的高速路上，看到這樣一句廣告語：「金貴銀貴生命最貴，千好萬好平安最好。」這句話給了我很好的啓迪。安全是「1」，金錢、名譽、地位、事業是「0」，沒有安全這個「1」，再多的「0」都沒有意義。安全是基礎，基礎不牢，地動山搖，再高的樓宇都會垮掉；安全是底線，突破底線做人、做事，禍患就在旦夕之間；安全是幸福，是自己的幸福，是親人的幸福，是家庭的幸福，是

單位的幸福，是社會的幸福，是靈魂的幸福，是生命過程的幸福。

安全要烙在心中。沒有安全意識就是最大的不安全。我們要時時、處處、事事、人人系上「安全帶」，要講安全、保安全，形成個人的安全、大家的責任的共識；營造用心工作、快樂工作、安全工作的良好氛圍；增強建設平安個人、平安家庭、平安單位、平安社區、平安社會的責任感。

安全的內容很多。我們每一名團隊成員要注意工作業務安全，避免損害客戶的利益；要注意內部管理的安全，避免損害單位的利益；面對各種利欲，要注意政治生命的安全；宴飲遊樂之際，要注意健康的安全、形象的安全；走親訪友之際，要注意旅途的安全、財物的安全……

值此新春佳節之際，祝各位同事身心健康、工作順利、諸事順意！

2008 年 2 月 3 日

員工心聲

當我讀到這封信時，倍感新奇！

在我們團隊的發展過程中，第一次有領導以這樣一種公開信的「批發」銷售方式與員工交流。印象中的領導與員工交流，往往除了開會就是座談，要麼聽領導在大會上講，要麼由員工在座談會上談，但往往總覺得是例行公事。希望這種方式能夠帶給我們更多的力量與信心！

同時，我也倍感親切！字裡行間，透露著濃濃的人間真情。拋棄了生硬的說教，拋棄了口號式的表態，有發自內心的感悟，猶如親人般殷切地囑托。

　　一種久違的感覺湧上心頭，濕濕的、暖暖的。

　　是的，一定要安全，我記住了。

之二

做好每一件簡單的事，我們就不簡單

● 每一個人都想成就一番大事。實事求是地講，一生能幹上幾件大事的人鳳毛麟角，一個人一生甚至無緣於一件大事。我們絕大部分人工作在平凡的崗位上，干著平凡的工作，但同樣能贏得眾人尊敬。

各位同事：

　　大家好！

　　一年之計在於春。在大家精細籌劃一年工作之際，我想用一句話與大家共勉：「做好每一件簡單的事，我們就不簡單。」

　　要重視小事、簡單的事。2月17日，我看了央視2007年度《感動中國》人物揭曉晚會，羅映珍等普普通通的「小人物」，同錢學森、閔恩澤這些學界泰鬥一起榜上有名，感動中國，甚至讓人一掬清淚。羅映珍做的事其實很簡單，就是在民警丈夫緝毒負傷成為植物人後的

1,000多個日日夜夜裡，永不放棄地在丈夫的耳畔輕喚他的名字，直到他蘇醒。

在歷史的天空中，秦皇漢武、唐宗宋祖，燦若星河，但羅映珍們也一樣星光熠熠。「天下大事必做於細，天下難事必做於易。」「不積跬步，無以至千里；不積小流，無以成江海。」「千里之堤，潰於蟻穴。」「失之毫厘，謬以千里。」「細節決定成敗。」這些話都說明了小事、簡單的事的重要性。每一個人都想成就一番大事。實事求是地講，一生能幹上幾件大事的人鳳毛麟角，一個人一生甚至無緣一件大事。我們絕大部分人工作在平凡的崗位上，干著平凡的工作，但同樣能贏得眾人尊敬。這是為什麼呢？有一句話回答了這個問題：「偉大源自於平凡。」只要堅持做好每一件小事，一樣能夠體現出一種偉大的精神。小處見大，一件小事都不願干、干不好的人，很難成就大事。

奢談誤事！做好眼前每一件簡單的事，我們就不簡單。简单的小事，一樣體現我們的智慧、我們的能力、我們的價值、我們的貢獻。當然，我們還要有敬畏之心，要「小題大做」，把小事當成大事來做。我們所從事的工作事關國家利益，事關群眾利益。我們雖然在平凡的崗位上日復一日、年復一年地做著簡單的小事，但正是這無數的「小」，就可以鑄就事業的「大」。

祝同事們新年在平凡的崗位上做出新的成績！

2008年2月19日

員工心聲

　　作為團隊中的一名中層管理人員，重複著每天簡單的工作與生活，我常常感到困惑——我的夢想去哪兒了？

　　曾經那種「指點江山」的豪氣蕩然無存；

　　曾經那種「會當水擊三千里」的自信開始動搖；

　　曾經那種「不到黃河心不死」的韌勁愈發鬆懈。

　　我這是怎麼了？讀了這封信，我才感到自己的認識該調整了。正是這一個一個平凡的崗位，正是這一件一件簡單的事，經年累月，便可以鑄就事業的大。

　　期待下一封來信！

之三

學習與思考——帶著智慧去工作和生活

● 不善於學習和思考是我們工作和生活中最為昂貴的成本之一，學習和思考是開啟我們人生和事業成功之門的鑰匙。

各位同事：

　　大家好！

　　美國暢銷書作家杰克・霍吉的《習慣的力量》一書說，人是一種習慣性的動物，我們每天高達90%的行為是出自習慣的支配，如幾點鐘起床、怎麼洗澡、刷牙、穿衣、讀報、吃早餐、上班，等等。可以說，幾乎每一天，我們所做的每一件事，都是習慣使然。今天，我想跟大家談談學習和思考這個習慣問題。我感到，從一定意義上講，不善於學習和思考是我們工作和生活中最為昂貴的成本之一，學習和思考是開啟我們人生和事業成功之門的鑰匙。

　　有人問李嘉誠：「李先生，你成功靠什麼？」李嘉誠答：「靠學習，

不斷地學習。」比爾・蓋茨說：「你可以離開學校，但是永遠不能離開學習。」美國當代管理學家彼得・聖吉曾提出警告：「一個人所掌握的知識如果每年不能更新7%的話，就無法適應知識社會的變化。」

的確，我們也許具備一定的文憑，但它如同牛奶一樣，保質期是有限的、短暫的。學海無涯，學無止境。浩如菸海的典籍和日新月異的知識是我們窮盡一生也學習不完的。我們所知的，只是有限圓圈之內的內容，而圓圈之外的內容則是無限的。視野決定我們人生的高度，決定我們人生前行的長度。我們需要做的，就是努力擴大自己知識的半徑。

這該如何辦呢？眾所周知的成功人士和身邊一些同事的經驗啟示我們，一是在途徑上要多渠道學習，要多上網、多讀書。上網可以及時迅捷地瞭解國內外、省內外、市內外的政治、經濟、文化等方面的知識，把網上海量的信息當成自己的信息庫，隨時為我所取、為我所用，以使我們從個體觀察團隊，從團隊觀察個體；從局部觀察全局，從全局觀察局部；從工業化、市場化、城市化的大背景來觀察我們作為一個「小人物」的人生，也從我們「小人物」的角度來思考大時代的主題。我們要多讀書，讀好書。讀一本好書，是用思路、靈魂、情節、詞語、智慧構築人的心靈大廈，能給人智慧、思想，讓人對得失、挫折、名利有了正確的認識，讓人成熟、達觀。二是在內容上要全方位學習。國家的大政方針要學習，法律法規要學習，自己手頭的工作和有關業務要學習。同時，我們還要根據本單位、本部門的特點靈活把握學習內容，增強針對性。三是在方法上要以調研式、比較式、開放式學習。學習不是目的，不能為學習而學習，要防止形式主

義，防止自欺欺人。我們要帶著問題去學習、調研，提出意見、建議，進而推動工作發展。「橫看成嶺側成峰」，我們要善於向歷史「取經」，善於向他人「取經」，換位思考，舉一反三，觸類旁通。我們要善於向身邊的同事學習，比較自己與他人的差距，從而收穫成長和進步。

「行成於思，毀於隨。」「學而不思則罔，思而不學則殆。」我們強調學習，主要是把做人、把工作、把事業當成學問來做。有 A 和 B 兩個年輕人，同時受雇於一家超市，工作都很努力，但 A 一再被提升，而 B 卻原地不動。B 找總經理評理，總經理便出了一個主意，讓二人到集市看有什麼賣的。結果 B 很快從集市上回來說看見一個農民拉了一車土豆在賣。總經理問一車大約有多少袋，B 又跑去，回來後說有 40 袋。總經理又問價格是多少，B 準備再次往集市上跑，總經理就讓他看看 A 是怎麼做的。A 從集市上回來，匯報說到現在為止只有一個農民在賣土豆，有 40 袋，價格適中，質量很好，他還帶回幾個樣品讓總經理看。這個農民過一會還將弄幾箱西紅柿上市，價格還公道，可以進一些貨。想到這種價格的西紅柿總經理可能會要，A 因此不僅帶回了幾個西紅柿做樣品，而且把那個農民也帶來了，農民現在正在外面等回話呢。總經理於是對 B 說：「看到了嗎？A 是帶著智慧去工作的，而你僅僅是帶著指令去工作的。」B 恍然大悟，心服口服。這個故事說明，善用大腦工作的員工肯定比用四肢工作的員工更有績效。

一個好員工應該是勤於思考的，是善於動腦分析問題和解決問題的。日本松下公司的標語牌寫著這樣一句話：如果你有智慧，請貢獻

智慧；如果你沒有智慧，請貢獻汗水；如果兩樣都不貢獻，請你離開公司。可見，工作中僅僅靠努力、靠熱情、靠責任心還不夠，還得用腦、用心，多問幾個何人（Who）、何事（What）、何地（Where）、何時（When）、為何（Why）、如何（How），用最簡單的方法，以最低的成本，在最短的時間把工作做到最好。

世事留心皆學問。讓我們每個人都善於學習，勤於思考，用智慧來工作和生活。祝願大家有新的收穫。

2008 年 3 月 25 日

員工心聲

我是一個樂觀者，我並不太看重自己的職位是什麼，但讀了信中講到的超市經理安排 A 和 B 去買東西的故事，一下茅塞頓開。

工作這麼多年，為什麼自己還一直原地踏步，沒有什麼起色？原來道理全在這個故事中，我習慣於像 B 一樣帶著指令去工作，卻忽視了自身的學習及對工作的思考，自然就缺乏了進步的基礎。

現在好了，我可以嘗試著改變自己，努力像 A 一樣，去做一個善於學習和思考的人！

之四

勝利，就在最後一刻的堅持中

● 在一場勢均力敵的體育比賽中，也許我們和對手都不一定能夠「扛得住」了，但勝利往往只在最後一刻的堅持中，就看我們能不能比對手再堅持久一點點。

各位同事：

　　大家好！

　　今年1月在座談時，我聽一位員工講：「干工作需要領導抬頭看路，職工埋頭拉車。」「抬頭看路」是不是警醒我們要把目標定準，「埋頭拉車」是不是警醒我們要具備甘於寂寞、能夠抵禦各種誘惑的毅力和耐心，一步一個腳印勇往直前？這裡，我想就目標及其實現問題與大家做一些交流和溝通。

　　可以說，目標是我們前行的動力，目標是化解困難和矛盾的最好方式，目標是獲得成就感和滿足感的前提。人生如沒有目標，在世間

● 管理從心開始

行走則如同水中的漂浮物一般只會隨波逐流。沒有目標，或許一件簡單的小事也會變得困難重重。實際上，我們更多的時候不是沒有目標，而是目標定得太高，超出了自己的能力範圍，缺乏俯下身子，從小事做起、從簡單的事做起的耐心。

一個適合自己的目標應具備哪些特徵呢？我想，目標首先應該是具體的（Specific）。比如我們想收穫滿倉的糧食，就必須清楚犁地、播種、施肥、除草等每一個細小的環節如何才能做到最好。目標定得很具體，明確知道下一步該幹什麼，並能堅持按部就班地去做，目標的實現也就變得很容易。其次，目標應該是可量化的（Measurable）、有時間期限的（Timed）。任何一個目標都應有一個衡量的標準，目標越能量化，就能提供給我們更多的指引。比如我們要造一棟房子，先要在心裡有個底。同時，很重要的一點，目標必須在自己能力範圍之內且具有一定的挑戰性（Action-oriented）、切實可行性（Realistic）。不現實的目標只會使人永遠掙扎於不滿的情緒之中，而站著就能觸摸得到的目標又難以激發人的鬥志和潛能。如同孩子們摘蘋果一樣，在一顆較矮的樹下，由於很容易就能摘到蘋果，孩子們很快就會沒了興趣；在一顆十分高大的樹下，孩子們做出各種努力都無法摘到蘋果，同樣很快就會洩氣；而在一顆需要努力跳起才能夠摘到蘋果的樹下，孩子們會爭先恐後地跳起採摘，並且樂此不疲。其實我們在工作和生活中也許跳起來不一定能摘得到「蘋果」，但因為目標具有挑戰性，目標總會激勵我們沿著正確的方向不斷地前進，不斷地逼近積極的目標。

如何實現自己的目標呢？這裡，我推薦三種方法：一是要微分目

標。世界上沒有曲線，只有直線，一節節的直線組成了直觀上的曲線或波線。有成功攀登珠峰的登山隊員講，前進目標必須分段設計，隨著海拔的升高，攀登難度增大，目標更應逐漸縮小、細化，從剛開始 1,000 米設定一個目標，到後來 500 米設定一個目標，再到 200 米、50 米，直至快到頂峰的 10 米、5 米，甚至 1 米設定一個目標，以充分考慮人體的承受極限，保證終極目標的實現。我們要試著把一個很大的、難以企及的目標分解成 10 個、20 個，甚至上百個在自己能力範圍之內能夠實現的小目標，享受實現每一個目標所帶來的成就感，我們會發現其實事情也許沒有想像的那麼困難。二是要堅持堅守。在一場勢均力敵的體育比賽中，也許我們和對手都不一定能夠「扛得住」了，但勝利往往只在最後一刻的堅持中，就看我們能不能比對手再堅持久一點點。只要目標正確，我們就應堅守目標而不言放棄。選擇堅守或放棄，下一次遇到同樣的問題或困難，也許我們依然會本能地選擇堅守或放棄。三是要進行目標管理。我們要從宏觀方向、微觀方法兩個層面，實事求是地檢討、修正目標及其推進措施。現實是，我們不能改變風的方向，但我們總可以改變航程，到達自己的目的地。

　　人生的圖景是由一個個小的目標節點串聯而成的。我們不妨試著把這些方法運用到做人、做事，乃至某項具體的工作中去，找準適合自己的目標，腳踏實地並且持之以恒地做好當下的小事，做好每一件簡單的事。這樣也許我們的生活、工作就會變得更輕鬆、更快樂和更充實。

2008 年 4 月 29 日

員工心聲

　　堅持才是勝利，這個道理我是懂的，但不怕大家笑話，我這個人就是缺乏毅力，做事愛半途而廢。

　　細細讀了這封信，我明白了如何堅持，要有適合自己的目標，要微分目標，要進行目標管理；同時，腳踏實地並且持之以恒地做好當下的小事，做好每一件簡單的事。這樣才可以讓生活、工作變得更輕鬆、更快樂和更充實。

之五

生活還要繼續

● 生活還要繼續。這不是自我麻痺，更不是消極退卻，是一種以自強與自信面對命運，於莞爾一笑間接受命運嚴肅的挑戰。

各位同事：

　　生活並非盡如人意。我和大家一樣，從未想到自己會成為「災民」。「5/12」汶川里氏 8.0 級大地震，讓我們和家人在情感、經濟甚至生命價值上都蒙受了巨大損失。我們感受到了什麼叫「劫後餘生」，什麼叫「無處藏身」，什麼叫「流離失所」。近期還餘震不斷，個別同事依然「驚魂不定」。對這場突如其來的特大地質災害，每個人都有充分的話語權來談及自己的感受。在這封特別的公開信裡，我和大家交流一點認識與看法。

　　要向前看。災難已經發生，不能怨天尤人。地震作為一種自然現

象，不可抗拒和迴避。既然已經發生，事實不能改變，我們只能正確面對，積極回應。不要向後看。向後看只會給我們帶來更多無意義的痛苦和失望；向前看，我們看到的將是充滿希望的明天。

要向外看。如果緊緊盯住災難本身，那它只會告訴我們，生活是多麼不幸，多麼不完美。其實，當我們把目光從災難上移開，會看到斤斤計較少了，正義良知多了，人性的光芒得到了昇華和釋放。正如一條短信所言：「當我們抬起淚眼，看到的是一個更加關愛的社會；當我們抬起淚眼，看到的是一個更加堅強的民族；當我們抬起淚眼，看到的是一個更加有希望的國家。」

生活是一面鏡子。你笑它就笑，你哭它就哭。人生作為一個過程，何不選擇笑呢？再苦也應當笑一笑。生活是自己的，生命是自己的。毫無疑問，我們應當為自己、為家人、為社會快樂地活著。快樂的鑰匙始終在我們自己手中，不要把它交給別人，更不要把它交給了災難。

生活還要繼續。這不是自我麻痺，更不是消極退卻，是一種以自強與自信面對命運，於莞爾一笑間接受命運嚴肅的挑戰。讓我們一如既往地保持對生命和生活的熱愛，用事實來印證人生的真、善、美和智慧。

祝各位同事和你們的家人安康！

2008 年 5 月 31 日晚

員工心聲

　　知道領導近期在抗震救災一線特別忙，所以這封信到了月底才發出，不過同樣感動。

　　今天，我和家人一起坐在賑災板房裡，眼含熱淚讀完這封信。

　　當地震來臨時，房屋劇烈搖晃，我迅速反應過來，抱著5歲的兒子開始往樓下跑，樓梯晃得更加厲害了，失去平衡的我一頭撞在牆上，但我抱著兒子的手始終沒有鬆開。那一刻，我感覺沒有了出去的希望。我乞求老天，讓我年幼的孩子躲過此劫，我乞求老天再給我一點時間，我快到門口了。

　　逃生的慾望給予我更大的力量，在抱起兒子衝出樓房的那一刻，身後傳來巨大的轟隆聲，房屋倒塌了。所幸的是，這幢樓的居民全都逃出來了，我的家人事先在外面辦事也未受到地震的傷害，只是賴以生活的房屋沒了。

　　我和家人是幸運的，房屋沒了，可以再建；而那些失去了親人的鄉親們，又該怎樣面對這突如其來的打擊？

　　但，生活總要繼續。唯有讓愛撫平心靈的創傷，讓自強與自信驅散命運的陰霾。

之六

秩序，展示我們的精神

● 秩序無時無刻不在，與我們的公共生活、個體私人空間密不可分。沒有規矩不成方圓，沒有秩序就只有混亂，沒有秩序就沒有一切。

各位同事：

大家好！

最近一段時間，大家和我交流最多的話題是秩序問題。我深切地感到，同事們在過去的工作中非常好地展示出秩序的價值，而現在對秩序有著非常大的激情和熱情。的確，現在，恢復和重構秩序尤為緊迫與重要。

秩序決定存在。原子裂變的秩序決定核反應是用來發電造福人類還是成為人類的殺手原子彈，DNA分子的排列秩序決定生命的特徵，社會的組織秩序決定人類文明進步的節奏……秩序無時無刻不在，與

我們的公共生活、個體私人空間密不可分。沒有規矩不成方圓，沒有秩序就只有混亂，沒有秩序就沒有一切。

秩序是一種美。我認識一位老同志，每天 6:30 起床，到公園的湖邊打一圈太極拳，7:30 飲上一杯茶，早餐是一杯豆漿或牛奶、一塊蛋糕、一碗蓮子粥、幾片牛肉和幾塊水果，然後自由如意地開始一天的工作。這是一位普通公園管理人員的日常生活，而他這樣規律、有秩序的生活幾十年如一日，甘之如飴，從未改變過。其實，我們的工作職責、工作紀律就是一種精神意志的秩序。只要我們堅守自己的工作秩序，將如同那位老者一般，活出內心深處的從容和超脫，活出滿身的清爽和滿心的舒怡。

對我們個人的工作生活而言，建立秩序重要的是進行時間管理，區分輕重緩急。一個人的工作時間是有限的，有秩序的工作不是按部就班地完成和機械地執行，而是在每天的工作中找準切入點，然後有條不紊地運作。處理日常事務的一般邏輯順序是每天先做「重要且緊急的事情」，接著做「重要卻不緊急的事情」，再做「不重要卻緊急的事情」，最後做「不重要且不緊急的事情」。這樣我們就能真正地理出頭緒，有效地選擇和放棄，從而輕鬆工作。

堅守秩序並非墨守成規和一成不變，相反也需要不斷地檢討和修正。從一定意義上講，不合理的秩序比沒有秩序更可怕，儘管我們也不盡認同所謂的「無秩序主義」的主張。如果我們每天將自己的工作進行小結，將自己認為滿意和不滿意的工作秩序及工作本身進行對比，進而進行周對比、月對比、年對比，並不斷地修正，我們就不會在強大的慣性忙碌中，浪費處理重要事情的最好時機，使自己陷入巨

大的被動之中，難以解脫。

人與人、人與社會、人與自然的關係表現為一種公共秩序。如「一米線」是在公共服務窗口為保護他人的隱私、規範人們的排隊行為而設立的，本身就是一種規範、一種秩序。它折射出來的是人們的道德素質和社會責任感。公共秩序是人們安居樂業的保障，是社會文明的標誌，是社會穩定和進步的基礎。社會是由許多成員共同組成的，只有我們每一個成員自覺遵守、自覺維護規則和秩序，才能維護個人利益和社會利益。

由於眾所周知的原因，近期我們的工作和生活秩序都受到一定程度的割裂，急需加以修復。但願我們共同努力，盡快恢復有秩序的生活、工作和學習，讓我們的工作和生活回到正常的軌道上，用秩序展示我們應對災難的堅強精神和意志。這樣我們就會感受到輕鬆和愉快，心靈一定會富有、和諧。

2008 年 6 月 24 日

員工心聲

讀了這封公開信，我越發感覺秩序的重要。

一個月來，由於受地震的影響，我和很多同事一樣，只能住在臨時板房裡，睡不好覺，無法好好休息，生活顯得力不從心，無法很好地照顧家裡的老人和小孩，上下班也不正常。我感覺秩序全被打亂了，這樣的狀況確實讓人難以接受。

现在距离地震过后已经一个多月了，在政府的全力救助和团队的关心支持下，我和家人已逐步走出地震阴影，工作和生活秩序也开始恢复，我由衷地感到高兴。

我以前总认为秩序就是一种按部就班，是一种束缚，甚至有点讨厌那些条条框框。现在看来，没有了秩序，工作和生活将如一团乱麻，陷入其中，只会徒增烦恼。

有了秩序，我们就可以沿着正常的轨道工作和生活，真实地感受到轻松和愉快。

之七

擁抱一顆感恩的心

● 記住一個人的壞,那是拿別人的過錯來懲罰自己;記住他人的好,讓感恩時時裝在心裡,我會覺得自己是這個世界上最幸福的人。

各位同事:

　　大家好!

　　在這裡,我跟大家分享一個真實的故事。

　　他是一個孤兒,曾經先後被三戶人家收養。第一戶人家把他從5歲養到8歲,後來這戶人家有了自己的兒子,便將他送人。他不願走,結果挨了打;實在受不了,才斷了回去的念頭。第二戶人家養了他5年,到他13歲那年也把他送了人,原因是這戶人家收養了親戚家的一個孩子。第三戶人家只養了他一年,就不願意再供他上學。他只好離家出走。才14歲,他就成了一名流浪兒。過了6年流浪的生

活後，他到一家建築公司當水泥工，算是有了一份正當工作。他用那點可憐的收入報考夜校。獲得自考文憑的那年，他已經22歲了。隨後，他進入一家公司當推銷員。他能吃苦，業績很快排到前面。後來，他開了公司，當了老板，身家幾千萬元。他什麼也不缺，唯一缺少的就是父母親情。他決定將他的三對養父母接來同住。

他的助理，也是曾經跟他一起流浪過的朋友說：「你瘋了，他們拋棄你、虐待你，那些事你都忘了嗎？」他說：「是的，我都忘記了。我只記得，他們曾經給過我飯吃，給過我睡覺的地方，我才沒有餓死、凍死。如果沒有他們，我很難活到今天。記住一個人的壞，那是拿別人的過錯來懲罰自己；記住他人的好，讓感恩時時裝在心裡，我會覺得自己是這個世界上最幸福的人。」

這個故事的關鍵詞有兩個：感恩和改變自己。這個故事也讓我聯想到工作和生活中的一些不順心、不順意、不順眼……我們常常因為這些不順而心生焦躁、倦怠甚或消沉。

其實，每一份工作、每一種環境、每一段旅程、每一段感情、每一個家庭、每一種人生都無法盡善盡美。我們能做的是努力改變我們能改變的，以感恩的心去適應我們不能改變的。

而能改變的首先是我們自己。據《為他人開一朵花》一書所述，在聞名世界的威斯敏斯特大教堂的墓碑林中，有著一塊揚名世界的卻十分普通的墓碑。在這塊墓碑上，刻著這樣的話：

當我年輕的時候，我的想像力從沒有受過限制，我夢想改變這個世界。

當我成熟以後，我發現我不能夠改變這個世界，我將目光縮短了

些，決定只改變我的國家。

當我進入暮年以後，我發現我不能夠改變我的國家，我的最後願望僅僅是改變一下我的家庭。但是，這也不可能。

當我現在躺在床上，行將就木時，我突然意識到：如果一開始我僅僅去改變我自己，然後作為一個榜樣，我可能改變我的家庭；在家人的幫助和鼓勵下，我可能為國家做一些事情。

然後，誰知道呢？我甚至可能改變這個世界。

年輕的曼德拉看到這篇碑文時，一下子改變了自己的思想和處世風格，他從改變自己、改變自己的家庭和親朋好友著手，歷經幾十年，終於改變了他的國家。

「要想改變世界，你必須從改變你自己開始。要想撬動起世界，你必須把支點選在自己的心靈上。」

這是一段很有哲理的話，值得細細品味。我以為，「撬動世界」的「自己的心靈上」的「支點」很多，而最重要的一個「支點」就是感恩。改變的目的不是報復而是感恩。以感恩的心態去改變，收穫的不僅僅是外在的財富，更有那段撒滿陽光的心路歷程。

其實，生活中處處充滿了感恩，處處需要感恩。感恩父母，給了我們生命；感恩老師，給了我們飛翔的翅膀；感恩伴侶，陪伴我們一生；感恩同事，幫助我們成就了事業；感恩組織，給了我們展現的舞臺……每天清早醒來，我們的心裡就應當充滿感恩，因為我們還活著，並且還健康……

面對災難，更需要感恩。「5/12」地震奪去了我們太多寶貴的東西，但同時也牽動了世界的神經。人民子弟兵流淌的鮮血和獻出的年

輕的生命，國際援助者在死難者前深深地鞠躬，用脊梁保護懷中幼兒的母親，用肩膀扛起生命通道的老師，還有那穿越千山萬水而來的一瓶水、一袋糧、一件衣、一頂帳篷，那背後都有同胞的汗水、淚水和深情！這一切無一不讓我們感動，無一不讓我們滿懷感激而永遠銘記，並激勵我們前行。

感恩，是一種美德，一種境界，一種人生。

讓我們擁抱一顆感恩的心。

時值盛夏，祝願各位同事因為感恩而享受到如水的清涼。

2008 年 7 月 31 日

員工心聲

這段時間，我們被太多的事情所感動。

我們是不幸的，因為大自然帶給我們如此巨大的災難；我們是幸運的，因為我們感受到大愛無疆。

在這樣一個歷史時點，在這樣一個特殊環境，我們對於感恩有著更加深刻的認識。

感恩，需要我們不斷前行，縱然前路漫漫，也絕不停下腳步觀望等待；感恩，需要我們不斷改變，讓自己更加堅強，依靠自己的雙手創造美好的明天。

之八

身心的健康——
我們自己可以創造的財富

● 透支健康就是透支未來，今後再辛辛苦苦「花錢」買命、買健康，這將是十分遺憾與不值的。擁有生理和心理的健康，於個人、於家庭、於組織、於社會有利，可以說「一舉多贏」。

各位同事：

大家好！

最近，我看到一份資料，世界衛生組織（WHO）調查顯示，全球人口中真正符合健康定義的人僅占5%，亞健康人群占全球人口的70%，並呈低齡化趨勢。處於亞健康狀態的人群生活普遍缺乏規律，缺少必要的鍛煉、緊張、繁忙、焦慮、失眠、神經衰弱、記憶減退、肥胖、多病痛，進而表現出精神萎靡不振、憂鬱煩悶、工作質量和效

率不高。與其他人士比，他們不是輸在智力與能力上，而是輸在精神與身體上。

其實，我們身邊有的同志健康時工作和生活都很「拼命」，精神可嘉，但未必科學。這裡，我想表達的，不是不應該努力地工作和生活，相反我們工作和生活必須是「綠色」的，必須尊重科學、尊重規律。現在不注重健康，今後會更多地「害病」。透支健康就是透支未來，今後再辛辛苦苦「花錢」買命、買健康，這將是十分遺憾與不值的。擁有生理和心理的健康，於個人、於家庭、於組織、於社會有利，可以說「一舉多贏」。

怎樣保持身心健康呢？一些同志提供了有益的處方：

保持好平和的心態。「一日三笑，不用吃藥」，說明心態對健康的重要性。俗話說：「心靜自然涼。」有的同志夏天是不用空調的，不管在室內還是室外，堅持自我心理調節，始終處於良好的狀態。古人講修身養性，就是說只要保持良好的身心，調節好自己的情緒，擁有淡定從容、平穩平和的心態。自身通過「思想上減肥，精神上減負」，就算在惡劣的環境中，也會將不良影響降到最低限度，從而以更好的狀態做事。

堅持良好的習慣。習慣成自然，好的習慣對強身健體非常重要。比如，健康飲食、早睡早起的習慣，健康娛樂、少嗜菸酒的習慣等。俗話說：「飯後百步走，活到九十九。」我們注意到，有的同事每天抽出一定時間堅持散步、爬山等一些健康有益的戶外運動，這都是一些好習慣。通過運動強身健體，可以讓我們保持良好的精神和充沛的體力。長期堅持，久而久之，就覺得做什麼事都精力足、幹勁足，隨後

就會感悟到健康是很幸福的事情，就會領悟到自己的生命和工作原來是這麼有意義，從而既有激情又不失理智地參與和分享社會的發展。

選擇合適的方法。做任何事都有一個方法問題，方法對頭，事半功倍，只要科學、健康、有益、適量就行。比如，我們覺得累了可以聽聽音樂、散散步、遊游泳，或者去看場電影，或者陪家人逛商場超市，這些不失為調解身心的辦法。當然還有很多方法，比如打籃球、打羽毛球、跳繩、踢毽子、下棋或者到廣場跳跳舞、扭扭秧歌、打打太極都很好。總之，方法不是一成不變的，只要自己喜歡就行，適宜的就是最好的。

的確，身心的健康是我們可以創造的財富。讓我們每天都做做健身操、健心操，並擁有健康的身心！

2008 年 8 月 20 日

員工心聲

到醫院體檢後，拿到報告單，甘油三酯、血脂、血糖等好幾項超標，心裡一陣緊張。趕忙拿著單子去找醫生，醫生詳細看過後，對一些指標做瞭解釋，說我的這幾項指標只是略微超標，暫不需要治療，但要加強鍛煉，養成健康的飲食和生活習慣，定期檢查身體。剛才緊張的心情才稍微緩和下來，細細一想，這幾年，隨著年齡的增長，感覺身體上的小問題多起來了，確實該好好檢討一下自己的生活習慣了。

以前總認為自己年輕身體好，不會生病，或者最多一個小感冒，扛一扛就會過去，現在則是不敢掉以輕心。身邊一些親人和同事病了，到醫院去看望他們時，看到他們痛苦掙扎的模樣，心裡非常難受。人啊，總在失去以後才知道什麼是最值得珍惜的。

　　保持健康的身心！做一個健康的自己！

之九

辦法總比問題多

● 當遇到問題和困難時，主動去找方法解決，而不是找借口迴避責任，找理由為失敗辯解，這正是一流人才同芸芸眾生的分水嶺。

各位同事：

　　大家好！

　　根據組織的安排，我於9月中旬來到上海的中國浦東幹部學院接受培訓。學習之餘，我再次瀏覽了吳甘霖所著的《方法總比問題多》一書。書中列舉了許多故事，讀來很精彩，也很引人深思，選兩則與大家分享。

　　故事一：楊先生在歐洲一家中等規模的保健品廠工作。公司的產品不錯，但知名度卻很有限。

　　他從推銷員干起，一直做到主管。一次他坐飛機出差，不料卻遇

到劫機。度過了驚心動魄的十個小時之後，在各界的努力下，問題終於解決了，他可以回家了。就在要走出機艙的一瞬間，他突然想到在電影中經常看到的情景：當被劫持的人從機艙走出來時，總會有不少記者前來採訪。

為什麼自己不利用這個機會宣傳一下自己公司的形象呢？

於是，他立即做了一個在那種情況下誰都沒想到的舉動：從箱子裡找出一張大紙，在上面寫了一行大字：「我是××公司的××，我和公司的××牌保健品安然無恙，非常感謝搶救我們的人！」

他打著這樣的牌子一出機艙，立即被電視臺的鏡頭捕捉住了。他立刻成了這次劫機事件的明星，很多家新聞媒體都對他進行了採訪報導。

等他回到公司的時候，公司的董事長和總經理帶著所有的中層主管，都站在門口歡迎他。原來，他在機場別出心裁的舉動，使得公司的產品和名字幾乎在一瞬間便家喻戶曉了。公司的電話都快被打爆了，客戶的訂單更是一個接一個。董事長動情地說：「沒想到你在那樣的情況下，首先想到的竟然是公司和產品。毫無疑問，你是最優秀的推銷主管！」董事長當場宣讀了對他的任命——主管行銷和公關的副總經理。之後，公司還獎勵了他一筆豐厚的獎金。

故事二：美國福特汽車公司是美國最早、最大的汽車公司之一。1956年，福特汽車公司推出了一款新車。這款汽車式樣、功能都很好，價錢也不貴，但是很奇怪，竟然銷路平平，和當初設想的完全相反。

福特汽車公司的經理們急得就像熱鍋上的螞蟻，但絞盡腦汁也找

不到讓產品暢銷的辦法。這時，在福特汽車銷售量居全國末位的費城地區，一位畢業不久的大學生對這款新車產生了濃厚的興趣，他就是艾柯卡。

艾柯卡當時是福特汽車公司的一位見習工程師，本來與汽車的銷售毫無關係，但是公司老總因為這款新車滯銷而著急的神情卻深深地印在他的腦海裡。

艾柯卡開始琢磨：我能不能想辦法讓這款汽車暢銷起來？終於有一天，他靈光一閃，提出了一個創意，在報上登廣告：「花56美元買一輛56型福特汽車。」

這個創意的具體做法是：誰想買一輛1956年生產的福特汽車，只需先付20%的貨款，餘下部分可按每月付56美元的辦法逐步付清。

他的建議得到了採納。結果，這一辦法十分靈驗，「花56美元買一輛56型福特汽車」的廣告人人皆知。

「花56美元買一輛56型福特汽車」的做法，不但打消了很多人對車價的顧慮，還給人創造了「每個月才花56美元，實在是太合算了」的印象。

奇跡就在這樣一句簡單的廣告詞中產生了：短短3個月，該款汽車在費城地區的銷售量就從原來的末位一躍而成為冠軍。

這位年輕工程師的才能很快受到賞識，總部將他調到華盛頓，並委任他為地區經理。艾柯卡最終坐上了福特汽車公司總裁的寶座。

我在讀書時圈圈點點，勾勾畫畫，掩卷之後，細細回味，頗有啟迪。

問題無處不在。萬事萬物都有其問題（矛盾），而問題（矛盾）

正是推動事物發展的動因。一個國家、一個民族、一個社會、一個團體，無時無刻不面臨問題的困擾。大到國際局勢的風雲變幻，小到居家的柴、米、油、鹽、醬、醋，人生的過程，實際上就是一個不斷遭遇問題的過程，即便是「桃花源」裡，也還有生老病死的問題。因此，問題無法迴避，迴避會讓小問題累積成大問題，給我們帶來更大的麻煩。

辦法總比問題多。有一句俗語說得好：「只要精神不滑坡，辦法總比困難多。」我相信，任何問題都會有解。這就像我們面對一道數學難題，只要我們不放棄，總能找到解題的方法，而且如果我們願意再往前走幾步，多想一想，往往會驚喜地發現，這道題竟然有很多種解法。源於對問題的恐懼，許多人總是把問題作為躲避責任的第一個借口。但是，我們往往忽略了一個公認的事實：當遇到問題和困難時，主動去找方法解決，而不是找借口迴避責任，找理由為失敗辯解，這正是一流人才同芸芸眾生的分水嶺。恐懼並不可怕，可怕的是對恐懼本身的恐懼。面對問題，我們首先要戰勝自我對問題的恐懼，把「我不行」改為「我能行」，把「絕對不可能」改為「絕對有可能」，先別說難，先問自己是否盡了全力。

方法決定成敗。決策和方法是成功的兩個核心環節，只有正確的決策，而沒有正確的方法，同樣不能獲得成功。是事半功倍，還是事倍功半、事倍功未，甚至把好事辦成了壞事，決定因素在方法。「改革開放」造就了中國今天的繁榮，「一國兩制」實現了香港和澳門的順利迴歸，維護了香港和澳門的穩定與繁榮。問題找準了，方法對頭了，因此「改革開放」和「一國兩制」就成瞭解決相應問題的靈丹

妙藥。對我們個人而言，可以說，對待問題的態度和方法決定了人生的走向與成就。

找準問題的「靶心」。把問題想透澈，是一種很好的思想品質，只有把問題想透澈了，才有可能發現所謂的「危機」不過是某一方面問題的表現。「危機」不僅可以克服，而且可以「翻轉一面是天堂」，變成更大的機會。一個善於解決問題的人，就如一位下棋高手，看透三步，才可落子，絕不會像一個新手，懵懵懂懂就將棋子落下去，以致一著不慎，全盤皆輸。

方法源於累積。類比法、逆向法、側向法、系統法、加減法、曲線法，這些方法為我們解決問題提供思考的方向。但是「眉頭一皺，計上心來」的靈感源自累積，實踐的累積、知識的累積、思考的累積，所謂厚積才能薄發。

問題＝機會。楊先生和艾柯卡之所以能夠取得成功，得益於他們緊緊抓住了機會，這些機會恰恰是問題提供給他們的。在任何單位、任何機構，能夠主動找方法解決問題的人，最容易脫穎而出。

我們這個團隊正處在爬坡上坎的時期，我們會一起面對許多發展中的難題。比如，近期有如何完成好工作任務的問題、完成好災後重建的問題；遠一點有追趕先進地區管理水準的問題，還有我們一起學習以提高工作能力、適應工作要求的問題，等等。既有宏觀的問題，又有微觀的問題，有難有易。面對這些問題，我們只要精神不滑坡，辦法總比問題多。面對這些問題，我們唯一的選擇是堅持開放理念、資源理念，不為死結找借口，只為求解想辦法。

金秋時節，天高氣爽，但亦勿忘勤加衣裳，以應時令之變。祝各位同事秋安並國慶快樂！

2008 年 9 月 23 日

員工心聲

在工作和生活中，我們經常會遇到這樣那樣的問題，是繞道而行，還是迎難而上？這是解決問題的第一步。

只可惜，很多人經常受到惰性的困擾，遇到問題繞道而行，我有時就屬於這一類人。在這一過程中，當然也感覺到後悔，明明這個問題再努一下力，就可以解決了；明明這個問題以前遇到過，當時沒有仔細想，後來又出現了……

在這一連串的反思中，我明白了一個道理，必須保持正確的認識，堅定信心，找準方向，才可能讓問題得到解決；平常多累積，開闊眼界，才能很好地解決問題。在解決問題的過程中，我們必將抓住屬於自己的機會。

之十

知識+智慧，快樂的不竭之源

● 面對目標，成功者常常在高度專注的思考中，碰撞出智慧的火花，借助周圍環境中有利的因素，比如工具、方法、經驗、技巧等，順利達到目標。

各位同事：

　　大家好！

　　今年9月，我在上海學習時，鄭日昌教授給我們講了《九只狐狸的故事》。這裡，我把這則故事推薦給大家。

　　盛夏酷暑，一群口干舌燥的狐狸來到葡萄架下。一串串晶瑩剔透的葡萄掛滿枝頭，可葡萄架很高難以夠到，狐狸們饞得直流口水。

　　第一只狐狸跳了幾下摘不到葡萄，從附近找來一把梯子，爬上去滿載而歸。

　　第二只狐狸跳了多次仍吃不到葡萄，找遍四周，沒有任何工具可

以利用，笑了笑說：「這裡的葡萄一定特別酸！」於是，心安理得地走了。

第三只狐狸高喊著「下定決心，不怕萬難，吃不到葡萄死不瞑目」的口號，一次又一次跳個沒完，最後累死在葡萄架下。

第四只狐狸因為吃不到葡萄整天悶悶不樂，抑鬱成疾，不治而亡。

第五只狐狸想：「連個葡萄都吃不到，活著還有什麼意義呀！」於是找個樹藤上吊了。

第六只狐狸吃不到葡萄便破口大罵，被路人一棒子了卻了性命。

第七只狐狸抱著「我得不到的東西也決不讓別人得到」的陰暗心理，一把火把葡萄園燒了，遭到其他狐狸的共同圍剿。

第八只狐狸想從第一只狐狸那裡偷、騙、搶些葡萄，也受到了嚴厲的懲罰。

第九只狐狸因為吃不到葡萄氣極發瘋，蓬頭垢面，口中念念有詞：「吃葡萄不吐葡萄皮……」

而另有幾只狐狸來到一個更高的葡萄架下，經過友好協商，利用疊羅漢的方法，成果共享，皆大歡喜！

我和身邊的一些同事覺得這則故事簡潔質樸，寥寥數語，但一幅葡萄樹下的「群狐圖」卻定格在腦海裡。面對誘人的葡萄（目標），狐狸們心態、方法不同，結果迥異。比如，第一只狐狸自身彈跳能力有限，但善借外物，找來梯子摘下了葡萄，享受到美味。人類是萬物之靈長，主要特徵就是能夠製造和利用工具。古人說：「登高而招，臂非加長也，而見者遠；順風而呼，聲非加疾也，而聞者彰……君子

生非異也，善假於物也。」面對目標，成功者常常在高度專注的思考中，碰撞出智慧的火花，借助周圍環境中有利的因素，比如工具、方法、經驗、技巧等等，順利達到目標。第二只狐狸「吃不到葡萄便說葡萄酸」，典型的「酸葡萄心理」，即以能滿足個人心理需要的理由來解釋不能實現的目標。其雖然不免有阿Q心理之嫌，但當目標確實超出個體能力所及時，對自我調節倒也多少有些可以借鑑的地方。「堅持就是勝利」的信念支撐著第三只狐狸，可事與願違，它跳得越來越低，最後累死在葡萄架下。「咬定青山不放鬆」的精神可嘉，但努力的方向和方法都要正確。否則，埋頭苦干越多，偏離目標越遠。遇到挫折之後，第四只狐狸、第五只狐狸坐以待斃，第六只狐狸怨天尤人，第九只狐狸更是氣極發瘋。本是晶瑩剔透的「葡萄」卻成了心中的魔咒，成為了卻卿卿性命的「青藤」。這種心態，只能指望生活永遠一帆風順了。但，這可能嗎？當別的狐狸在為葡萄跳來跳去甚至付出生命代價的時候，有那麼幾只狐狸卻作壁上觀，一邊享受著夏風的清涼，一邊指手畫腳，說三道四，使絆子，挖陷阱，唯恐別人領先自己一步。一旦有了勝利的果實，它們又迫不及待地要來分一杯羹，至少要沾些名、鈞些譽。而另外一群狐狸充分發揮團隊優勢，群策群力，輕鬆解決了難題。

　　讀完故事，也許我們在會心一笑中，也領悟到其中蘊涵的許多道理。其實，這幅「群狐圖」何嘗不是一幅「人生百態圖」。人們在追求目標時，也不外乎此類表現。我們一般認同第一只狐狸勇於嘗試，更欣賞第二群狐狸的合作與共享。當然，我們還可以設想，當條件確實不允許我們吃到眼前的葡萄時，能否多走幾步，找到另一株葡萄

樹，或者乾脆換種水果品嘗，說不定也一樣甘甜可口呢？

壓力伴隨著我們的一生，比如，身體的疲勞和生存的壓力、精神的創傷和發展的壓力，誰都不可能避免。在眾多的壓力面前，有的人積極樂觀，越戰越強，越挫越勇，不斷成長、成功；有的人卻無所適從，心浮氣躁，牢騷滿腹，怨天尤人，在惶惶然中一事無成；還有的人身心俱疲，積勞成疾，重病纏身乃至英年早逝。這其中的差別，就在於我們怎麼應對壓力。那麼，作為有智慧、有知識的新時期建設者，我們應該做哪一只「狐狸」呢？

在日常的生活、學習、工作中，目標任務帶給我們的具體壓力的確不少，關鍵是如何應對。我想，無論如何，我們都應該做智慧的「狐狸」，學會積極正向的思維方式，正確看待壓力；用陽光的心態面對壓力，面對挑戰，把壓力變成動力；通過合作相互激發潛能，風雨同舟共同應對壓力。運用智慧，我們就一定能輕鬆應對壓力，使我們的生活、學習、工作更加完美。

夜半時分，忽覺夜雨敲窗，秋聲漸息，冬意將至。2008年已近尾聲，年初定下的許多生活、學習、工作目標任務尚需加緊去做，猶如一盤圍棋棋局行將結束，弈者需要「收官」，盡可能控制更多的「盤面」。當我們倍感壓力的時候，不妨做一只智慧的「狐狸」吧，因為知識+智慧是我們快樂的不竭源泉。

祝安。

2008年10月27日晚

員工心聲

　　每個人在成長的過程中，必定會學習和累積一定量的知識，把自己所掌握的知識合理地、巧妙地加以運用，這個就需要智慧。

　　有些人滿腹經綸、學富五車，但辦起事來卻生搬硬套，抑或毫無章法，結果讓人大跌眼鏡，這是缺乏工作智慧的表現；有些人滿口仁義道德、濟世救民，卻貪得無厭、喪心病狂，結果受到黨紀國法的嚴懲，為世人所不恥，這是缺乏人生智慧的表現。

　　正如信中所言，做一個智慧者，讓我們生活得更加快樂。

之十一

和諧，從心開始

● 「改變可以改變的，接受不能改變的」，在理想和現實之間達成一種妥協和平衡，也不失為一種理智而現實的人生選擇。

各位同事：

大家好！

今天我們召開了一個很重要的會議。會務組提供的電子演示文本上都能看到我們的徽標以及我們的共同願景——「實現自我超越，共鑄和諧團隊」。怎樣才能實現團隊的和諧呢？

這裡，我想到了中國古代一個哲人的故事：莊子的妻子去世了，他岔開兩腿，坐在地上，手中拿著一根木棍，一邊有節奏地敲著面前一只瓦盆，一邊唱著歌。

朋友惠子怒氣衝衝地走到莊子面前：「尊夫人跟你一起生活了這麼多年，為你養育子女，操持家務。現在她不幸去世，你不傷心、不流淚倒也罷了，竟然還敲著瓦盆唱歌！你不覺得這樣做太過分了嗎！」

莊子緩緩地站起身，他的臉上現出一層淡淡的悲慟，眼圈也紅著。莊子說：「其實，當妻子剛剛去世的時候，我何嘗不難過得流淚！只是細細想來，妻子最初是沒有生命的，更沒有形體和氣息。在若有若無恍恍惚惚之間，那最原始的東西經過變化而產生氣息，又經過變化而產生形體和生命。如今又變化為沒有生命。這種變化，就像春夏秋冬四季那樣運行不止。現在她靜靜地安息在天地之間，而我卻還要哭哭啼啼，這不是太不通達了嗎？我們認為離開人世是件痛苦的事情，但是離開的人也許正幸福地生活在另一個我們不知道的地方。如果不是這樣，為什麼從不見離開人世的人回來呢？想到這裡，我止住了哭泣。」

莊子面對喪妻之痛，在短暫的悲傷後，轉換視角，看到悲傷後的解脫，內心得到了安寧與和諧。若一味地沉湎於悲痛與焦慮之中，從此一蹶不振，蓬頭垢面，瘋瘋癲癲，於死者何益？於生者何益？

巧的是，與莊子同時代的古希臘哲學家伊壁鳩魯說：「不是事情本身使你不快樂，是你對事情的看法使你不快樂。」我們也經常講知足常樂。快樂＝成功÷慾望。其中，慾望受參照系影響。

現實生活中，充滿著人與人、人與社會、人與自然的矛盾和衝突，不如意也是平常事。在知識經濟時代與信息經濟時代，變化快、選擇多、需求高以及競爭激烈。無論我們的工作、生活還是人際關

係，矛盾衝突無處不在，加上天災人禍、生老病死，重重壓力下，有的人苦惱不堪，甚至為一點小事耿耿於懷，或者行凶報復，危害社會，或者自尋短見，走向絕路。

其實，矛盾和衝突本身並不可怕，關鍵在於有沒有調和的機制。社會和諧主要是人與人的和諧，人與人的和諧主要是心的和諧。和諧社會、和諧團隊、和諧家庭，都是由一個個和諧的人組成的群體。對於我們個人來講，要做到「笑看天際雲卷雲舒，靜觀庭前花開花落」，毀譽安然，榮辱不驚，的確有點「高難度」，畢竟我們都是人而非神。但是，保持內心和諧是最節約社會成本和個人成本的方法。

進一步地問，怎樣實現心的和諧呢？我想，最重要的答案在於四個字——陰陽辯證。事物既是一分為二的，又是合二為一的，這是辯證法的對立統一規律。和諧實際上是事物矛盾雙方的動態平衡。眾所周知的陰陽太極圖是這種平衡的最好顯示。太極圖黑色代表陰，白色代表陽，寓意世界上任何事物都是一個複雜的對立統一體。太極圖中白裡有黑，黑裡有白，寓意無論是陰還是陽，都不是純粹的單一體，而是你中有我，我中有你。太極圖中黑白兩部分，酷似兩條遊動的魚，寓意陰陽在相互矛盾衝突的運動中此長彼消，不斷取得動態平衡。而其中的兩個小圓，則代表與外部條件相呼應、作為變化依據的內因。

我感到，太極圖啟示我們看待事物、看待人要真正「想開點」。第一，宜全面。遇事不能以點代面、以偏概全以及只見樹木、不見森林；對人不能只看其一點而不計其餘，不能全盤否定或全盤肯定。我

們要學會多角度、多層次地看待事物；要看到尺有所短，寸有所長，凡事有利有弊；在大好形勢下要看到陰暗面，在困難的時候要看到成績和光明。第二，宜相對。任何事物的發展都受時間、地點、條件的限制，沒有放之四海而皆準、千秋萬代永適用的普遍真理。把真理絕對化，追求絕對準確、絕對公平、絕對完美，好就全好，壞就全壞，這種看問題絕對化的人和片面性的人一樣容易出現心理障礙。第三，宜動態。塞翁失馬，焉知非福。用歷史的眼光、發展的眼光看問題，好事可以變成壞事，壞事也可以變成好事。內因是變化的依據，只要變革創新，就能促使矛盾轉化。

再進一步地說，我們要有一點阿Q精神。我們要看到這方面不好、那方面好（接納）。例如，人窮志不窮；工作辛苦收入高；我很醜，但我很溫柔；我個矮，但我很靈活；我嘴笨，但我手很巧；待遇不高，老板好；能力不強，人品好；身體不好，腦子好。我們要看到不好中有好（代償）。例如，破財＝消災；吃一塹＝長一智；嫉妒＝恭維；孤獨＝清靜；船小＝好調頭。我們要看到現在不好將來好（轉化）。例如，否極泰來；車到山前必有路；冬天到了，春天還會遠嗎。

情由心生，景（境）由心生。我們有時也不妨擁有一點點「酸葡萄心理」（對經過努力還得不到的東西就說它不好），或者「甜檸檬心理」（對自己擺脫不掉的東西就說它好）。這兩種看似消極的自我安慰心理，實際上並非自欺欺人，而是隱含著辯證法的合理內核，運用得當也不失為一種取得內心和諧的積極調節方法。「改變可以改變的，接受不能改變的」，在理想和現實之間達成一種妥協和平衡，也不失

為一種理智而現實的人生選擇。

此外，情緒調節還有其他許多有益的方法，如宣洩、轉移、幽默、放鬆、暗示、昇華、希望、助人等。

同時，我們還應注重累積自己的「精神資本」。和諧的心靈必然擁有豐富多彩的精神世界。英國政府智庫「展望」發布了一份題為《精神資本和精神健康》的報告，認為與人們通過多吃蔬菜和水果維護身體健康一樣，保持心理健康同樣有章可循。如果我們堅持常常做5件小事，就能豐富自己的內心世界：第一，與他人聯絡感情。與家人、朋友、同事和鄰居發展良好的關係，可以豐富我們的生活，並給我們帶來幫助。第二，保持活躍。做運動，培養愛好，如舞蹈和園藝，或者僅僅是養成每天散步的習慣，可以使我們感覺良好，促進身體的靈活性和身心健康。第三，保持好奇心。注意觀察日常生活的美麗和不尋常之處，學會享受時光並進行思考，這將幫助我們以欣賞的眼光看待這個世界。第四，學習。例如，學習樂器或者烹飪等。挑戰和成就感會帶來樂趣及自信。第五，奉獻。幫助朋友和陌生人，將我們的快樂與更廣泛的社會聯繫在一起，我們將從中受益良多。

和諧，從心開始。而這一切全在當下，全在自己。

祝安。

2008 年 11 月 27 日晚

員工心聲

  一曲好的音樂，我們會聽到和諧的韻律；一幅好的美術作品，我們會看到和諧的畫面；一部好的書籍，我們會讀到和諧的語言文字；一處美麗的風景，我們會欣賞到和諧的大自然；一個好的團隊，我們更會感受到和諧的工作氛圍。這一切使我們的身心更加愉悅！

  共鑄和諧團隊是我們共同的目標！

之十二

自信——人生動力之源

● 自信產生的美，不需要任何修飾，從人的內心迸發出來，從談吐、行為和氣質中滲透出來，樸實無華，香遠益清，有一種令人傾倒的震撼力。

各位同事：

大家好！

世界性的金融危機席捲而來，在這個寒冷的冬天，大家可能更加清晰地感受到工作和生活的壓力。這個時候，我想和大家談談自信這個話題。

科爾出生在美國的一個普通人家。不滿十歲的一天，科爾的臉上長了一些白色的斑點，醫生診斷為皮膚過敏，為她開了一些藥膏。可是過了幾天，科爾臉上的小斑點不但沒有好轉，反而越積越多。醫生告訴科爾的家人，科爾患上了一種罕見的面部肌肉萎縮症，而這種病

在世界上最多也不過百例,目前還沒有治愈的可能;而且隨著病情的加重,科爾的面部將一天天萎縮。在絕望與無助的同時,科爾瞭解到,這種病雖然可怕,但還不足以危及生命。面對殘酷的現實,科爾堅定信心,全身心投入學習,如願考上美國加州大學攻讀法律學士學位。

自從患病以來,科爾一直是同學們嘲笑和戲弄的對象。大學四年中,即便是教室擁擠不堪,可科爾身邊的位置卻一直空著,沒有人願意與科爾同桌。

大學即將畢業,老師詢問同學們的理想,科爾站起來說:「我的理想是當一名律師。」話音未落,科爾就遭到所有同學的嘲笑。於是科爾將自己面對著大家,堅定而自信他又重複了一遍:「我的理想是當一名律師。」這一次,全場一片寂靜。

如今,科爾成了美國律師界一名優秀的律師。雖然科爾醜陋的形象常常使在場的人感到害怕和恐懼,但是科爾嚴謹的邏輯思維、犀利的語言、充滿自信的目光贏得人們的信任與讚揚。

科爾現已36歲,她的五官還在繼續萎縮,但她卻為許多人贏得了官司。科爾說:「有一天我的臉可能會消失,但只要我的生命還在,我會繼續證明,容貌的美並不重要,重要的是你生命中的自信和堅強。」

是的,是自信成就了她。科爾雖然沒有了「面子」,但自信為她贏得了榮譽和尊嚴,並為她帶來了別樣的美。

自信產生的美,不需要任何修飾,從人的內心迸發出來,從談吐、行為和氣質中滲透出來,樸實無華,香遠益清,有一種令人傾倒

的震撼力。

自信使我們找到每一個生命的價值和意義，催生勇氣和動力。「我能！」「我是最棒的！」「我一定能做得更好！」有了自信，我們才敢為人先，才敢於在困境中尋求突破。當我們走出困境，回過頭來，也許會驚訝地發現，我們原來可以爆發出這樣大的能量，取得如此與眾不同的成就。

自信才能包容，才能信人，才會自重並重人。自信是一種能力，是肯定和欣賞，由自身開始，推己及人。因此，自信是信人和自重的前提與基礎。不自信的人會認為別人不信任自己，不自重的人也不會尊重別人。自信讓我們的心胸像海一樣寬廣，從容面對激烈競爭，不懼怕別人超越自己，有勇氣後來居上。先自信和自重，才能讓別人信自己和重自己。如果大家都能自信信人、自重重人，那麼結果就是：自信、信人、人信、自重、重人、人重。

美國思想家、詩人愛默生說：「自信是成功的第一秘訣。」一個人沒有了自信，就會像折了翅的鷹，無法飛翔於天際；一個團隊沒有了自信，就只能是一群溫順的綿羊，等待被宰割的命運；一個民族和國家沒有了自信，最終會消亡於世界之林。

今天，我們的民族和國家也越來越自信，在世界上樹立起了負責任的大國形象。我們多次向國際社會鄭重承諾：「中國是一個負責任的國家！」鐵肩擔道義的自信和勇氣從哪裡來？從那一串「世界第一」的外匯儲備數字中來，從 5/12 汶川地震「不拋棄、不放棄」的生死救援中來，從中國人太空行走的探索中來，從北京奧運空前的成功中來。而這一切，是我們改革開放 30 年韜光養晦才有的厚積薄發。

自信怎樣來培養呢？最好的方法是自我發現、相互傳遞。最近我到各地調研，與同事們座談時，總要與大家探討三個問題：「請你列舉自己的三個優點」「請你規劃我們工作團隊的明天是什麼樣的」「你願意為此做什麼」。可以說，每個同事回答得都非常質樸，也非常精彩。實際上，這三個問題包含了自我發現（Discovery）、自我設計（Design）、自我實現（Destiny）的邏輯遞進與循環。正所謂：「吾日三省吾身。」我覺得這個「省」不僅要反省自己的不足，還要常常總結自己的優點，增強自己進取的信心。「尺有所短，寸有所長。」每個人來到這個世界都有缺點，當然也不乏優點，缺少的是發現自己的眼睛。

自信可以相互感染、相互傳遞。傳遞自信，就是傳遞溫暖、傳遞幫助、傳遞成功。英國有位少年，高中時在橄欖球比賽中受傷而左眼失明。他的哥哥對他說：「上帝替你蒙上了左眼，是為了讓你更加專注於目標。」這句話教會了他自信，他用這句話激勵自己不停地向著目標邁進。後來，這位少年成為英國的首相，他叫布朗。

需要注意的是，自信是知識開出的花，實踐結出的果。沒有知識和實踐的支撐，自信會像過度膨脹的氣球，彈指就破，剩下一地自負、自大的碎片。因此，在自信的同時，要防止自負。

依靠自信，人類渡盡劫波，薪火相傳；依靠自信，我們一起走過了極不平凡的2008年。再過幾天，我們就要跨入2009年的門檻，迎接我們的不僅有嶄新的希望，還有很大的困難和挑戰。讓我們把自信與堅毅傳遞給同事、傳遞給家人、傳遞給身邊的人，懷著感恩的心，帶著理想與激情，帶著責任與忠誠，並肩前行。

瑞雪紛飛辭舊歲，寒梅流香報新春。轉眼間，我與大家共事已滿一年了，衷心感謝大家在過去一年裡對整個團隊和我的關心、幫助與支持，並祝各位同事及家人身體健康、工作順利、闔家幸福，在新的一年裡取得更大的進步。

2008 年 12 月 29 日

員工心聲

我畢業於一所專科學校，剛參加工作時，看見團隊到處都是比我學歷高的同事，心裡那種自卑感油然而生。我自卑於自己學業不深，害怕能力比不上別人。因此，我遇到事情總是縮手縮腳，生怕出了問題，更加被別人看不起。

在一次團隊開展的業務競賽中，我們小組原定的參賽者因其他原因無法參加，我被組長強行推去參加競賽。說實在的，我對業務工作還是比較認真的，平時也非常主動地通過學習充實自己，但就是不知道自己行不行，這次是沒有退路了，只有硬著頭皮上。結果非常出人意料，我所在團隊的比賽成績名列第二，超過了很多我認為不可能超越的同事。站在領獎臺上，大家都向我投來了贊許的目光，頓時，我內心十分激動，原來我還是可以的。

雖然這僅僅是一次小小的競賽，但讓我認識到，自信是走向成功的動力源泉，沒有自信，將會失去很多機會。

之十三

歸零，讓我們實現自我跨越

● 對於有遠大志向的追求者來說，成功永遠在下一次。保持歸零心態，才能不斷發展和創造新的輝煌。

各位同事：

　　大家新年好！

　　春節假期歸來，儘管大街小巷和庭院裡依然洋溢著濃濃的節日氣氛，但更重要的是，我們已經進入農曆新年。自此，我們的人生和事業又翻開了新的篇章。

　　談到「新生」，我想起了奧運冠軍鄧亞萍的人生感悟。

　　從國家乒乓球隊退役後，鄧亞萍說，她的新起點也就開始了。她從勉強寫出26個英文字母開始學習，拿下劍橋大學博士學位，完成人生的另一項大滿貫。2002年起，鄧亞萍開始在國際奧委會任職。從運動員到學生再到體育官員，鄧亞萍的人生之路步步精彩。談及幾次

角色轉變，鄧亞萍說：「我給自己制訂了計劃，一切從零開始！」

其實，我們每個人的一生都會有很多次轉變，而每一次轉變都是「機會的窗口」，都需要我們不斷歸零、清零，才能把握住機遇。學會走路，要將「爬」歸零；學會寫字，要將「塗鴉」歸零……從襁褓到學校再到工作單位，從獨身到結婚再到為人父母，可以說，沒有歸零就沒有成長，歸零能力越強，就越有利於成長。正如電腦的內存，電腦的運行速度取決於其內存歸零能力。大思想家老子的「無」的思想，在一定意義上講就是歸零思想。對此，老子有著非常深刻的理解和論述：「故常無，欲以觀其妙；常有，欲以觀其徼。」意思是說，人時常處於無的心境狀態，可以觀察宇宙本然的奧妙，有助於我們開拓思維、尋找靈感、創新求變；人時常處於有的心境狀態，可以揣摩天地萬物變化的奧妙，有助於我們用全部的知識和智慧，對生活和工作去把握、體驗與實踐。

一切從零開始，在新起點上實現自我跨越。歸零，不等於否定歷史，恰恰相反，是對歷史負責，是為了更好地繼承和發展。這種歸零心態，能讓我們正確面對過往的成敗得失，勝不驕，敗不餒，從內心深處讓自己從零開始，放下包袱，輕鬆上路，盡情地享受生活。這種歸零心態，就是潛下心從頭學習、從頭做起，隨時對自己擁有的知識和能力進行重整，清空過時的東西，為新知識、新能力的注入留出空間，積極探索新知，保證自己的知識與能力與時俱進。

成功僅代表過去的努力得到認可。如果我們過分沉迷於以往成績的回憶中，沾沾自喜，故步自封，那就很難再進步。冰心說：「冠冕，是暫時的光輝，是永久的束縛。」對於有遠大志向的追求者來說，成

功永遠在下一次。保持歸零心態，才能不斷發展和創造新的輝煌。人們問「球王」貝利哪一個進球是最精彩、最漂亮的，貝利的回答是：「下一個！」成功時，要緊的正是將這些「庫存」及時清空歸零，保持既往的干勁和謹慎。

失敗更不應該成為包袱。如果我們因為過去失敗的經歷，就意志消沉或畏縮不前，不敢再大膽嘗試，就只能終日生活在以往的陰影下。擦掉陳跡，還原一張白紙，沒有負擔，同樣可以書寫最清新流暢的文字，同樣可以描繪最美麗迷人的風景。

的確，我們在接觸一項新事物、承擔一項新任務時，經驗和辦法都為零，往往能開始最迅速有效地進行探索和學習。在取得一定經驗，獲得相當資歷之後，我們卻常習慣於「複製」歷史，惰於再像當初那樣開拓創新了。這好比一個杯子裝滿了水，再多便往外溢，可是如果能及時歸零，一個容量僅為250毫升的杯子，不斷清空，可以裝下1萬升水。

過去的一年，我們一起經歷了雪災、地震的考驗，一起感受了奧運會、神舟七號的輝煌，一起搭乘了中國經濟的過山車。在所有同事的共同努力下，我們也較好地完成了各項工作任務，我們的人生也邁上了一個新的臺階。在此，我對大家的辛勤勞動表示衷心的感謝，對取得的成績表示誠摯的祝賀！我們在春節前有大掃除的傳統，扔掉那些用不上還占地方的東西，清掃每一個角落，窗明幾淨地迎接新的春天。讓我們對自身也來一次「大掃除」，將過去整理歸零，以平常的心、積極的心、感恩的心、堅持的心和嶄新的姿態，步入每一個新年，真正實現自我跨越，並與團隊同成長。

您的快樂安康對我們很重要！

2009 年 1 月 31 日晚

員工心聲

我們常常習慣於對過去的成績如數家珍，習慣於向人們講述曾經的苦難與輝煌，這並沒有什麼不對，但我們更應向前看。

每一個人在過往的發展中，都會累積豐富的知識儲備和人生閱歷，如果僅僅將這些拿來自我欣賞與安慰，或者作為向人炫耀的資本，就會陷入自戀的泥潭無法自拔，就會為這些曾經的過往所累。

歷史屬於過去，善於總結並在此基礎上加以創新，我們才會不斷積聚起前進的力量，從而在未來的路上走得更加自信從容，走得更加鏗鏘有力。

之十四

節約時間——提高生命的效能

● 我們或許永遠跑不過時間，但可以比原來跑快一步；我們可以遵守每一次約定，誠信守時；工作和私人事務可以日結日清，不把今天的事留給明天。

各位同事：

　　大家好！

　　有一則意味深長的謎語：「世界上什麼東西最長又最短，最快又最慢，最平凡又最珍貴，最易忽視又最值得惋惜？」

　　答案就是時間。

　　是的，我們每個人一出生，世界送給我們最好的禮物就是時間。不論貧富，這份禮物是如此公平：一天24小時，我們每個人都用它來投資經營自己的生命。所謂時間就是效率、時間就是金錢，其即時間比效率、金錢還要珍貴，因為時間是組成生命的材料。充分認識時

間的價值，擁有正確的時間觀念，等於智慧、力量和美好的開端。時間寶貴，是世界上一切成就的土壤；時間有限，一個人的人生在歷史的長河中只能算短短的一小步；時間無情，匆匆而去，一刻不停，故意浪費時間，必定會受時間的懲罰。

其實，許多偉人最成功之處就是珍惜時間，他們都是節約時間的高手。從一定意義上講，節約時間，也就是使一個人的生命更加有效，也就等於延長了人的生命。而浪費別人的時間，真的等於謀財害命。

我們整個團隊的願景是「實現自我超越，共鑄和諧團隊」。我在與同事們交流時也談到，自我超越的內涵就有起點超越、時間超越，就有時點、時段的概念。我們加強效能建設，也是為客戶節約時間。那麼，怎樣做到少浪費時間、多節約時間，從而生活得更加充實有意義一些呢？檢索和綜合身邊一些同事的經驗，我想，我們可以注意以下幾點：

一是不要消磨時間。時間有虛實長短，全看人們賦予它的內容怎樣。消磨時間的人，也必定消磨事業、消磨人生。我們中間是否有人寧肯空耗時間而無所事事呢？這其實還是時間觀念的問題。敢於浪費哪怕一個鐘頭時間的人，都說明他還不懂得珍惜生命的全部價值。碌碌無為、虛度年華，實在悲哀。

二是作息有規律，並定期檢查時間運用。合理安排時間，就等於節約時間。我們可以制定時間表來幫助自己養成良好的作息習慣，減少對時間的隨意性「支出」。每晚睡前把自己的時間運用情況反思一下，分析規律，找出浪費時間的地方。或者對自己的計劃進行總結，

看哪些做到了，哪些沒做到；為什麼會沒有做到，是不是哪裡浪費了時間。然後，盡量減少時間的浪費，每天按計劃完成任務。

三是按照任務的輕重緩急安排順序。分不清自己要做的事情的重要程度，事情往往是由別人來安排的，這是造成人們不善於利用時間的一大原因。事實上，只有充分認識到自己要做的事情與自己的關係，才有可能把這些事情都處理好。我們可以把每天要做的事情按照重要和緊迫程度來排序，從而安排日程，這樣可以保證把重要的事情都完成，把工作生活安排得井井有條。同時，要避免不必要的干擾，在每天效率最高的那段「黃金時間」裡，我們要設法讓自己心無旁騖，全力以赴。

四是充分利用零散時間。時間是分秒積成的，如果把零星時間比作時間的「零頭布」，那麼珍惜時間的人一定不會浪費，一定會好好利用這些零散時間。比如，上班早5分鐘，就夠我們互致問候、簡單梳理一天的工作任務；每天自學1小時，一週7小時，一年365小時，3~5年就可以在一方面成為專家。

五是講一點秩序美學。簡潔和條理也是一種美，是一種生活的美學、人生的美學。例如，在辦公室裡，我們應當養成如下良好習慣：物以類聚，注意物品的擺放；東西用完物歸原處，不亂放；把整理好的文件等編上號，貼上標籤，做好登記；好記性不如爛筆頭，要勤於記錄。

冬去春來，光陰似箭。有人說，時間就像海綿裡的水，只要你肯擠，總是有的。我們或許永遠跑不過時間，但可以比原來跑快一步；我們可以遵守每一次約定，誠信守時；工作和私人事務可以日結日

清，不把今天的事留給明天。因為昨天已經過去，明天未能預期，只有今天、當下能夠把握。

2009 年 2 月 26 日

員工心聲

　　小時候總感覺時間過得太慢，「這一學期怎麼還不完啊」「新年怎麼還不到呢」，這些問題常常縈繞在我們的心間。

　　而今的我們，開始嘆息時間太快了，一天不知不覺就結束了，一年還沒有感覺到收穫就過完了。

　　其實，時間還是老樣子，不快也不慢，只是我們已經到了耗不起時間的年紀。浪費了時間，我們只會一無所獲，又拿什麼來實現自己最初的願望呢？又拿什麼來回報深愛著我們、關心著我們的人呢？

　　珍惜時間，珍惜每一分每一秒。

之十五

自我超越，從點滴進步開始

● 我們每一個人成長的過程就是一個不斷改變「舊我」的過程，從「我只會這些」過渡到「也許我還能會更多」，並最後堅定地認為「我也會做更多」，從而實現自我超越的過程。

各位同事：

大家好！

「實現自我超越，共鑄和諧團隊」，這是我們的組織願景。自我超越是共鑄和諧團隊的出發點、動力、源泉和活力所在。最近我和大家交流較多的話題，也是關於如何實現自我超越。其實，自我超越並不是難於上青天的事，我想，毛澤東同志說「好好學習，天天向上」，就是關於自我超越的最精準的方法論。只要我們每天進步一點，今天的我就告別了昨天的我，就是一個嶄新的我。

在我們身邊，自我超越的例子很多。今年春訓，許多同事克服緊張心理，第一次登臺亮相為大家講課，講得非常精彩，這便是一次自我超越。自我超越的類型較多，我在這裡介紹幾種，為大家打開思路提供參考。

一是起點超越。在一開始先人一步，快人一拍，結果就截然不同，這就是起點超越。在一個領域，先期進入者的成本相對低一些，而歷史又具有封閉性，等級、秩序、坐標一旦形成就不易打破。在市場競爭中，不僅是適者生存，更是先者生存。因此在每一個歷史節點上，我們要做最快最好，搶占先機，做先期進入者。

二是時間超越。時間超越的本質是壓縮時間，提高單位時間的效率。這是比較容易實現的，只要我們眼明、心細、手快就能做到。

三是性質超越。我們由過去強調管理到現在堅持對等、開放、分享、合作等理念，強調管理與服務並重，這就是在理念、機制、工作上具有顛覆性、革命性意義的轉變，屬於性質上的自我超越。

四是境界超越。建築師與磚瓦匠的區別在於前者將每次建造工作當成創作藝術珍品，境界上高出一層。我們提倡工作像機械一樣精密，像藝術一樣使人愉悅，像科學一樣求是求實，就是追求在境界上的自我超越。

實現自我超越有哪些方法呢？孔子的「君子和而不同」論，給了我們很好的啟迪。「和」，即合作、和平、和睦，「和」講對環境的適應性，對他人的尊重和認同，這是我們超越的根基。「不同」，即差異性、多元化、特色和亮點，也即人無我有，人有我新，人有我精。而「人無我有」正是起點、時間超越，「人有我新、人有我精」正是性

質、境界超越。具體一點說，我們可以通過原創、複製、集成等技術手段實現「和而不同」。原創就是原始創作。原創的難度很大，但是當創新成為思維自覺和自發行動時，更多「不同」就會創造出來。複製也叫跟進，即直接模仿，借用他人成功的經驗和做法。跟進者也有實現超越的自身優勢和「長板」，比如成本相對較低，在跟進中力求創新，做到人有我新。集成或者說合成，即博採眾人之長，通過組合形成創新。這也是我們經常使用的創新方法。

我們每一個人成長的過程就是一個不斷改變「舊我」的過程，從「我只會這些」過渡到「也許我還能會更多」，並最後堅定地認為「我也會做更多」，從而實現自我超越的過程。人人進步，組織和事業必定發展。「實現自我超越，共鑄和諧團隊」，從我們每個人的點滴進步開始，從我們每個人認識自我、提升自我開始。

2009 年 3 月 25 日

員工心聲

我們在很多時候對自己缺乏認識，滿足於現狀，滿足於表面的自我。其實，人的潛能是無限的，我們無法預料自己在特定條件下到底有多大的力量，從而過早地對一些事情加以自我否定，失去一個又一個機會。

從一點一滴開始，不斷地發現自我、超越自我，這樣的人生才會更加有意義。

之十六

行勝於言

● 行勝於言，講的是做和說的關係，告誡我們做人做事要務實，少說多做。

各位同事：

　　大家好！

　　交流這個話題，我想從重溫一則古代寓言開始。

　　傳說有一種小鳥，叫寒號鳥。夏天的時候，寒號鳥全身長滿了絢麗的羽毛，樣子十分美麗。寒號鳥驕傲得不得了，到處走來走去，洋洋得意地唱著：「鳳凰不如我！鳳凰不如我！」

　　秋天到來，鳥兒們都各自忙開了，有的開始結伴飛到溫暖的南方；有的留下來，整天辛勤忙碌，積聚食物，修理窩巢，做好過冬的準備工作。只有寒號鳥，既沒有飛到南方去的本領，又不願辛勤勞動，仍然整日東遊西蕩到處炫耀漂亮的羽毛。

● 管理從心開始

　　冬天終於來了，天氣寒冷極了，鳥兒們都回到自己溫暖的窩巢裡。這時的寒號鳥，身上漂亮的羽毛都脫落光了。夜間，寒號鳥躲在石縫裡，凍得渾身直哆嗦，它不停地叫著：「好冷啊，好冷啊，等到天亮了就造個窩啊！」等到天亮後，太陽出來了，溫暖的陽光一照，寒號鳥又忘記了夜晚的寒冷，於是又不停地唱著：「得過且過！得過且過！太陽下面暖和！太陽下面暖和！」

　　寒號鳥就這樣一天天地混著，過一天是一天，一直沒能給自己造個窩。最後，寒號鳥沒能混過寒冷的冬天，終於凍死在岩石縫裡了。

　　寒號鳥的寓言警示我們——行勝於言，不要做「語言的巨人，行動的矮子」。孔子說：「君子訥於言而敏於行。」他認為，為人處世要博學、審問、慎思、明辨、力行。這都是說「行」的重要。行勝於言，講的是做和說的關係，告誡我們做人做事要務實，少說多做。簡簡單單四個字，至少有以下要義：

　　從眼前做起，從小事做起。千里之行，始於足下。我們要想走很遠的路，達到遠大的目標，就必須從近處開始；要想登上高山之巔，極目遠眺，一覽眾山小，就必須從山腳起步。做事要從眼下事做起，要由淺而深，循序漸進。我們每個人從自身做起，從當前的事做起，一步一個腳印，就能做到事事落實。

　　決定信念，善始善終。言之易，行之難。在現實生活中，輕而易舉就辦成的事越來越少。遇到困難，遇到矛盾，就退縮，往往一事無成。「編筐織簍全在收口」「行百里者半九十」說的都是這個道理。走一百里路，走完了九十里才算走完了一半路程，意喻做事越接近成功越困難。在非洲大草原上，獅子在拼命地追趕著鹿，他們都是這片

土地上最擅長奔跑的健將。很快，獅子和鹿都累得氣喘吁吁，鹿覺得自己拼盡了最後的力氣，倒在了地上，而獅子也拼盡最後的力氣跳起來咬住了鹿的脖子。假如鹿再堅持一秒鐘，獅子也許就會放棄。這樣的精彩博弈常常上演，有時候鹿堅持到了最後一秒，保住了生命。我們做事切不可功虧一簣，一定要持之以恒，堅持到底，只要堅守和挺住，假以時日，必將有所收穫。

不空談，不怨天，不尤人。我們在生活和工作中有時候談到目標和夢想的確也很心動、很激動，但接下來往往沒有行動，目標和夢想就成了水中月、鏡中花。與其坐而論道，不如起而行之。因此，有了目標就應努力去實現。同時，遇到困難和矛盾時，我們要注意不怨天尤人，因為空話、牢騷話除了滿足一時口快之外，根本上於事無補，有時還會錯失解決問題的機遇。一個人、一個組織開始從幼稚走向成熟的標誌是擁有自我批判能力。一個組織的自我批判，將會使組織流程更加優化，管理更加優化；一個人的自我批判，將會大大提高自我素質。實際上，我們進行的各種改革本身就是一種自我批判、自我修復。處理困難和矛盾的適宜辦法是面對而非逃避，這樣才能使我們認識所謂現實存在的意義，從而擁有激情，少說廢話，多干實事。

應當注意的是，行勝於言強調了行的重要性，但其實質絕不是廢言，而是追求言行一致、言之有物，不食言也不妄言。

2009 年 4 月 28 日

員工心聲

　　讀罷此信，掩卷而思，確有許多值得我警醒之處。思慮過多，而行動過少，往往為自己定好的一個目標，在將要行動時，又為自己找借口，總說條件不成熟，再等等；總說時間不夠，再多點時間就好了；總說能力不足，再多累積點就好了。凡此種種，對定好的目標一拖再拖，就是遲遲不見行動，白白浪費了時間和機遇。

　　在今後的工作中，自己一定要牢記行勝於言，踏踏實實做事，以實際行動向著目標前進。

之十七

血在，生命就要向前流動

● 血在，生命就要向前流動。

各位同事：

大家好！

今天是5/12汶川地震一週年，365個日日夜夜裡，除了災難本身，更讓我們銘記在心的，是人們面對災難的堅強、勇氣和愛。

一年來，我們見證了一個堅強的四川，切身感受了家鄉人民在抗擊災害、重建家園中表現出的感人且樸質的情懷。從生死救援的人流到熱火朝天的重建場面，從凌亂無章的帳篷到整齊歸一的板房，從滿目瘡痍的斷壁殘垣到煥然一新的農家小院，一切都在向我們講述了一個事實——災難並不可怕，血在，生命就要向前流動！

身處地震災區的人們有幾句樸素的話令人感動：「出自己的力，流自己的汗，自己的事情自己干。」「有手有腳有條命，天大的困難能戰

勝。」地震給我們帶來了災難，大家仍很堅強，很努力，微笑對待災難和困難。有些同志在交流中談道：「只要你跟自己說你能，那麼你就能。」「災難以後，眼淚和脆弱都是不需要的，需要的是堅強和笑容。」

有一位同事說：「我們的生命如同向前流動的水，從凝結成水滴起，就開始了自己的流淌，有時候是樹葉上露珠孤獨的瀉落，有時候匯成江河，掀起滔天巨浪。這要看我們如何去選擇自己要走的路。如果還沒有澎湃，那是因為我們還不夠努力。生命總有盡頭，如水滴再次化為蒸氣，雖然只是一瞬間的擁有，但卻可以因為其曾經出現的美麗姿態而永恆。」

我想，血在，生命就要向前流動。自然，這需要更多的勇敢、堅強、樂觀，這需要更多的信心、責任、擔當。

2009 年 5 月 11 日

員工心聲

「血在，生命就要向前流動。」作為親身經歷了 5/12 汶川大地震的我們，更能深刻體味這句話的分量。

災難毀掉了我們的城市與村莊，讓我們失去了家園；災難奪去了我們親人和同事的生命，讓我們悲痛萬分。

但災難摧毀不了我們堅定的意志和重新站起來的勇氣。一年來，我們勇敢、堅強、樂觀地面對災難，團結奮戰於災後重建的主戰場，取得了一個又一個勝利。

今後的我們，仍將一如既往，依靠自己的雙手建好我們的家園，安慰逝去的生命，讓我們重新過上美好幸福的生活。

之十八

自我審視，自我修復

● 審視的過程，是在尋找自我的優點與缺點，因為我們不僅經常無視自己的優點，也易於忽略自己的缺點。由於審視的角度和方式的改變，一個問題會以不同的側面展示給我們。

各位同事：

大家好！

今天，有位同事偶然說起一則古希臘神話故事，我聽過後又有了一些新的認識，想和大家分享。

有個叫斯芬克斯的女魔，她守在城堡外的路旁，給過往行人出謎：「什麼東西早上是四條腿，中午是兩條腿，傍晚是三條腿。」行人如果不能猜對謎底，就會被她吃掉；如果猜對了，她自己就會死去。無數行人都不能猜對謎底，城堡內外充滿了恐懼。終於有一天，一個

叫俄狄浦斯的年輕人來到了斯芬克斯的面前，揭開了謎底。他說：「這是人呀！在生命的早晨，人是軟弱而無助的孩子，他用兩手兩腳爬行；在生命的當午，他成為壯年，用兩腳走路；到了老年，臨到生命的遲暮，他需要扶持，因此拄拐杖，作為第三只腳。」

這個許多人絞盡腦汁也想不出的神奇「東西」，原來就是我們自己。故事告訴我們，人需要認識自我，而往往又認識得不夠。

其實，我們經常使用「我」或者「自我」的概念，在某種意義上，「自我」構成了我們生活的核心。比如，拍了集體照，我們拿到照片後首先尋找的，肯定是自己在照片中的形象。而且我們通常會以對自己形象的滿意度來判斷這張集體照的好壞。這表明：人在社會生活中，都有一種以自我的考察和自我的利益為中心的行為和思維傾向。英文中的「interest」的中文意思是興趣，也可翻譯成利益。如果把這個單詞的兩種不同含義統一起來，就是人總是對和自己利益有關的東西發生興趣。

既然人們不可避免地對「自我」非常看重，就更需要瞭解「自我」。黑格爾說：「熟知的東西並不是真知的東西。」比如肆虐的臺風，其中心恰恰是沒有風的。人們對「自我」這個存在瞭解實在有限，需要時刻自我審視、自我檢討、自我發現、自我修復。

如同理髮師不能給自己理髮，牙醫無法為自己拔牙一樣，要對自我進行徹底檢討，其難度可想而知，要對自己的痼疾動大手術進行修復，更是難上加難。因此，自我審視、自我修復，無疑是一種勇氣和智慧。

審視自己，需要走出「自我」看「自我」的誤區，要把自己放

在團隊或者更加開放的群體中全方位展開，以第三者的視角去審讀，既不孤芳自賞，又不妄自菲薄。可以說，審視的過程，是在尋找自我的優點與缺點，因為我們不僅經常無視自己的優點，也易於忽略自己的缺點。由於審視的角度和方式的改變，一個問題會以不同的側面展示給我們。而審視的結果和意義，則是要揚長避短，自我修復，痛快淋漓地向自我的淺薄、懶散、無知告別。

正視自我，能內省，能自知，可以讓我們在紛亂的世事與誘惑前不失去重心，用一種公正平和的心態去適應社會與人生變化的「常課」，實現自我校正與修復。

2009 年 6 月 26 日

員工心聲

「自我審視」是一個很好的命題，在工作和生活中，我們往往由於無法正確地認識自我，而犯這樣那樣的錯誤，小的來說，失去一個很好的機會、失去一個很好的朋友；大的來說，則可能觸犯刑律，甚至丟掉性命。

其實，我們並非不知道自我審視的重要性，而是往往不願意去做自我審視，總認為自己一切都是對的，一切未遂自己心願的人和事都是不對的，抱著這樣一種心態，從本能上拒絕自我審視。還有就是無法堅持做自我審視，偶爾一次能夠認識到自己的優點和弱點，但時間長了，卻依然回到自己的慣性思維上，堅持以自我為中心了。

之十九

有效溝通，鑄就和諧

● 因為誤解了對方的意圖，獅子和老虎都付出了慘痛代價。這讓我們不禁聯想到在現實生活中，也常聽到類似「你為什麼不早說清楚」的指責和「好心沒有好報」的感嘆。

各位同事：

大家好！

我想和大家交流的這個話題，是從上個週末聽到的一則寓言故事想到的：獅子和老虎之間爆發了一場激烈的衝突，最後兩敗俱傷。獅子快要斷氣時，對老虎說：「如果不是你非要搶我的地盤，我們也不會弄成現在這樣。」老虎吃驚地說：「我從未想過要搶你的地盤，我一直以為是你要侵略我。」

因為誤解了對方的意圖，獅子和老虎都付出了慘痛代價。這讓我們不禁聯想到在現實生活中，也常聽到類似「你為什麼不早說清楚」

的指責和「好心沒有好報」的感嘆。也許我們還曾有過這樣的體驗：覺得自己不被理解，對方不夠通達甚至不可理喻；自己好的建議未被採納，自己的才能未被尊重；團隊配合不夠默契，效率不高；等等。其實，仔細分析，導致誤會和人際關係緊張的原因，很大程度上是溝通的缺位。

溝通無時不需，無處不在。家人、鄰里、朋友、同事、工作對象之間，團隊、組織乃至國際社會都需要溝通。很難想像一個「雞犬之聲相聞，老死不相往來」的社會是什麼樣子。上下、左右、內外的溝通是我們同世界聯繫的網絡。可以說，溝通是我們工作、生活的基本技能。在信息社會，資訊及其溝通尤為重要。

溝通有其自身的規律。以下是我身邊一些領導和同事在工作生活中的一些基本方法和藝術。

換位思考。站在對方的角度設身處地為他人著想，體會對方的感受與需要，在接納和體諒的基礎上去適應他人，這是溝通的基礎和前提。現實生活中的無效溝通，常常是由於人們習慣性地以自我為主，使出渾身解數，去教育對方、說服對方，而往往忽視了對方的感受，結果達不到溝通的目的，甚至不歡而散。因此，有效溝通並不是要一個人多麼能言善辯，其實我們要做的恰恰是換位思考。只有將心比心、以誠換誠，才能達到心靈的溝通和情感的共鳴，得到對方的體諒和積極的回應。

善於傾聽。只有聽清對方說了些什麼，我們才能做出適宜的回應。尤其是在對方行為退縮、默不作聲或欲言又止的時候，我們要觀察對方的心理變化，設法引出對方真正的想法，瞭解對方的立場及需求、願望、意見與感受，並且運用積極傾聽的方式，來引導對方發表

意見，暢所欲言。

清晰表達。在各個商談場合中，時常以「我覺得」（說出自己的感受）、「我希望」（說出自己的要求或期望）為開端，結果常會令我們滿意。其實，這種方法就是清楚地告訴對方我們的要求與感受。

把握主動。溝通不一定要等到「梗阻」正在或已經形成，溝通同樣需要前瞻和主動。通常，主動溝通的人總能把握先機，化被動為主動。

注重細節。例如，注意選擇恰當的時間、環境、氛圍、節奏和方式；又如，選擇導入話題的角度，堅持對等姿態，語言平實；再如，在堅持原則的前提下，做靈活的變通和一定的妥協；等等。

我們都希望自己身處和諧融洽的人際關係氛圍中，我們的工作也需要和諧的內外環境。近年來，各單位根據形勢的變化和要求，創新工作方法，開展了多種形式的溝通活動，以提高大家的溝通能力，營造和諧的工作環境。只要我們每個人都進一步敞開心扉、以誠相見、坦率溝通，就能體會如飲甘泉、如沐春風般的舒暢和快意。

2009 年 7 月 12 日

員工心聲

在我看來，溝通正如一部機器的潤滑油，讓機器每個部位都很好地運轉起來，讓磨合部位保持良好的工作狀態。

一個團隊缺少了溝通，就如機器缺少潤滑油一樣，將會聽到磨合部位發出的不和諧聲音，人際關係也變得複雜，工作效率自然降低不少，團隊戰鬥力將明顯削弱。

之二十

在取捨之間品味人生

● 個別人也許感到事業不成功、生活不快樂,倒不是因為他對事業不盡心、對生活不熱愛,他常常面臨的問題是不能掙脫那些多多少少浮利的牽絆。

各位同事:

　　大家好!

　　雨夜間翻舊書,又讀到唐宋八大家之一柳宗元的《蝜蝂傳》。文章很短,朗朗上口,頗有意思。大意是:蝜蝂是一種喜愛背東西的小蟲,爬行時遇到東西,總是抓取過來,背著它們,即使非常勞累也不停止,結果越背越重。蝜蝂的背很不光滑,東西堆上去不會散落,因而被壓倒爬不起來。有人可憐蝜蝂,替它去掉背上的東西。可是蝜蝂一旦能爬行,又像原先一樣抓取東西背上。這種小蟲又喜歡往高處爬,用盡了力氣也不肯停下來,以致跌倒摔死在地上。柳宗元最後評

論說：現今世上那些貪得無厭的人，見到名利就撈一把，自取滅亡而不知接受教訓。雖然他們是人，可是見識卻和蝜蝂一樣，也太可悲了！

做人就是一種學問，叫「人學」，其包涵了取捨的藝術。俗話說：「舍得，舍得；不舍不得，大舍大得。」可是當我們身處在誘惑巨大、人心浮躁的當今社會，自然會有諸多困惑。我感到，所謂「性格即命運」，說的是一個人的命運其實就隱藏在我們的思想裡，隱藏在我們的頭腦與觀念裡。個別人也許感到事業不成功、生活不快樂，倒不是因為他對事業不盡心、對生活不熱愛，他常常面臨的問題是不能掙脫那些多多少少浮利的牽絆。的確，人生在世，我們都有些慾望和追求，但同時應學會取捨。

無所得，也就無所舍。無所得，人生就會很空虛。因此，人生必須有所追求。世上有兩種動物可以登上金字塔的塔頂：一種是雄鷹，它憑藉的是強健的翅膀，即自己的天賦；另一種是蝸牛，它憑藉的卻是自己堅持不懈的努力。可見除了天賦，堅持不懈的努力是實現目標的基本手段和條件。

對於舍，我想，首先要瞭解自己真正想要的是什麼，自己的能力如何，自己所處的環境和位置與目標的差距是不是能通過自己的努力彌補。這樣我們不必為一個過於遙遠和虛幻的目標而白花力氣，在不正確的道路上越走越遠，最後甚至如蝜蝂一樣跌倒在地。前幾天，我與幾位同事散步，一位同事說：「人生最大的悲哀，莫過於把本來不屬於自己的東西刻意地鎖定為自己的東西，而緊緊抓住不放。」這句話頗有道理。

有時候，我們應學著用減法生活，也就是要學會捨棄那些不是我

們真正需要的東西，學會用豁達的態度面對生活和工作中的得失。我們的內心就像一棟新房子，剛剛搬進去的時候，都想著要把各種各樣的家具和裝飾擺在裡面，結果到最後發現這個家擺得滿滿當當，反而沒有地方放自己了。這就是被物質的東西奴役了。大家知道，電腦的回收站需要經常清空，有時硬盤還需要格式化，否則會影響計算機運轉速度。人也是這樣，及時丟掉心中的垃圾，學會遺忘，學會放下，才能輕裝前進。

舍，並不僅僅為了自己。為了親人、家庭、朋友、團隊、社會、國家，我們常常需要捨棄自我，捨棄小我。這種舍，絕非所謂的「吃虧」，其實是一種本事、一種能力。

我想，取捨之間，可以閱讀和品味不同的人生。學會放下，將獲得更多的自由自在、自信自然。

2009 年 8 月 24 日

員工心聲

「取捨」體現的是一種人生哲學、一種人生智慧。人的慾望是無法滿足的，正如小小的蝜蝂，「行遇物，輒持取」，什麼東西都想據為己有，結果卻不堪重負，自取滅亡。想想當今社會，一些人貪得無厭，本來過著好好的日子，卻一心想要更多的錢、想要更大的權、想要更為奢靡的生活，便想盡千方百計，甚至鋌而走險、違法犯罪，結果身敗名裂、家破人亡，只留下一聲嘆息。因此，人要學會取捨，做到「知足常樂」。

之二十一

服務，原來可以是舉手之勞

● 一句親切的話語、一聲友善的問候、一次小小的幫助、一個善意的關懷，都會讓別人感受到愛心和真誠，也能讓自己獲得愉悅，把自己操練成一個富有生命力的人。

各位同事：

　　大家好！

　　近段時間，我在學習日本學者畠山芳雄的《服務的品質是什麼》一書時，想到了一則小故事：午後，天下著大雨，一位渾身濕淋淋的老婦人，步履蹣跚地走進街邊的商店。看著她狼狽的樣子和簡樸的穿著，售貨員們都對她愛答不理。這時，一個叫菲利的年輕人上前對她說：「夫人，我能為您做點什麼嗎？」老婦人連說不用，卻又因為不好意思不買東西而借用人家的屋簷躲雨，開始在店裡轉起來。可是買什麼呢？正當她茫然時，菲利又走過來說：「夫人，您不必為難。我給

您搬了一把椅子，放在門口，您坐著休息就是了。」兩個小時後，雨過天晴，老婦人向菲利道了謝，顫巍巍地走了出去。幾個月後，商店接到一封信，信中提供了一筆巨大的訂單，指名要菲利前去辦理。而寫信的人，正是那位老婦人——「鋼鐵大王」卡耐基的母親。

有人羨慕菲利因舉手之勞擁有的「好運氣」，事實上，他是用誠懇的服務為自己贏得了信任和機會。在服務中撒下一顆顆關愛的種子，有一天，當種子長成參天大樹並帶來豐碩的果即時，我們會發現：原來對別人表達善意和真誠，並不需要付出很多，有時，像搬動椅子這樣的簡單事情就足夠了。

生活中的大部分時間裡，我們都是以向他人、向社會提供服務的方式來融入周圍環境。這種服務的機會和崗位是我們安身立命的基礎與體現自身價值的舞臺。在其中，我們盡我所能，用心服務。

還有些時候，有些服務初看是「額外」的，是可有可無的。如果我們將這種介於可有可無的服務用行動來表達，在他人的期望之外，更多付出一點，帶給他人的將是驚喜和滿意。生活的基本準則和藝術包含在日常言行與服務細節之間。一句親切的話語、一聲友善的問候、一次小小的幫助、一個善意的關懷，都會讓別人感受到愛心和真誠，也能讓自己獲得愉悅，把自己操練成一個富有生命力的人。這正是所謂「贈人玫瑰，手有餘香」。

服務要關照對象的心靈。物質上的食譜，並不能滿足人們的心理需求，唯有在心靈上進行關照，才能讓人感受善意服務的溫度。放低姿態，貼近人的心靈；不卑不亢，不戴有色眼鏡看人；欣賞他人、與人為善、有愛無礙、平等尊重的服務精神，讓社會充滿陽光般的溫暖。

「把自己當作金子，常有被埋沒的哀怨；把自己當作石頭，卻有了鋪路的快樂。」我想，踏實認真的服務，用熱心、愛心、誠心、耐心和細心，留住他人的微笑，我們也一樣能體會作為鋪路石的快樂。

2009 年 9 月 9 日

員工心聲

服務首先需要的是服務意識，這種意識是發自人們內心的本能和習慣，也可以在工作實踐中不斷地養成。具有服務意識的人，是「以別人為中心」的，他們樂於助人、樂於奉獻，常常會站在別人的立場上，急別人之所急，想別人之所想，常常會自我謙讓、妥協，最終得到服務對象的肯定與認同。因為付出，自己也會得到更多的收穫、得到更多的快樂。

之二十二

每個人都是關鍵時刻的關鍵人物

● 人生就是成千上萬個「關鍵時刻」的集合,而我們自己正是這些「關鍵時刻」的「關鍵人物」,力求通過每次精彩的出場,辦好每件事,尋求理解和認同,爭取信任和支持,成功地行銷自己。

各位同事:

大家好!

前兩天,一位同事向我講了這樣一件事:他準備去商場選購某品牌家具,途中正巧碰見標有該品牌標示的家具公司的送貨車。因為相信這個品牌,為省時間,他想不去商場,直接請車上的家具公司人員把他想要的品種送貨上門。於是他上前敲了敲車窗,車裡只有司機一個人。明白這位同事的意圖後,司機面無表情地說:「我不管這些,我只是個司機。」同事想留下自己的聯繫方式,可司機說車上也沒有

紙筆，並迅速關上車窗。無奈之下，同事只好去商場，在那裡，他放棄了原來的打算，選了別的品牌。

那家家具公司的一筆生意機會在一瞬間就消失了，而且給我的同事留下了不愉快的印象。實際上，同事只接觸了一名司機，對話不超過一分鐘，但這已經影響了他的選擇。瑞典的北歐航空公司總裁卡爾森提出：一年中，公司共運載 1,000 萬名乘客，平均每人接觸 5 名員工，每次 15 秒。換句話說，這 1,000 萬名乘客每個人在一年中都對公司「產生」了 5 次印象，每次 15 秒，總共 5,000 萬次。這 5,000 萬次的「關鍵時刻」，決定了公司的成效。所以說，與顧客接觸的每一個時間點都是關鍵時刻，每位服務人員都是公司的關鍵人物，影響顧客的忠誠度與滿意度。正是基於這種認識，北歐航空公司憑員工在每個「關鍵時刻」給顧客留下的正面印象，贏得了客戶青睞，創造了驕人的經營業績。

我想，我們每個人在與人接觸打交道時，也希望能給對方（我們的客戶）留下正面的印象，獲得良好的評價。這樣看來，人生就是成千上萬個「關鍵時刻」的集合，而我們自己正是這些「關鍵時刻」的「關鍵人物」，力求通過每次精彩的出場，辦好每件事，尋求理解和認同，爭取信任和支持，成功地行銷自己。

同樣地，對於我們這個工作團隊而言，每個人也是「關鍵時刻」的「關鍵人物」。人們在與我們中的一個人或幾個人接觸之後，就會形成對我們團隊整體的正面或負面評判，並長久地記在腦海當中。每個人的言行舉止，尤其是與各方面的「客戶」接觸時分分秒秒內的表現，無不左右人們對我們的整體認知。在講求高效服務和滿意度的今天，人們的需求越來越高，耐心越來越少，評判一個組織和單位的時

候，往往就是依據片刻的印象。從這個意義上說，我們與人接觸時，無論是接打電話、回覆信函還是直接接洽，都是一個個「關鍵時刻」，也就是最終決定團隊形象的時刻。團隊的服務水準和服務質量如何、是否易於打交道，取決於我們每個人能否創造出令人最滿意的「關鍵時刻」。因此，我們這個工作團隊中絕沒有可有可無、無足輕重的成員，每個人都是影響整體成敗的「關鍵人物」。人人都是形象代表，人人都是宣傳員，人人都是供應商，人人都是消費者，講的就是這個道理。

在第一時間內將自己和團隊最完美地展現，在各自的崗位上謀其政、善其事、盡其責，當好「關鍵先生」，我們就能始終贏得「客戶」，創造源源不斷的各種「利潤」。

2009 年 10 月 20 日

員工心聲

做關鍵時刻的關鍵人物，告訴我們千萬不要小瞧自己的一言一行。

我們團隊的工作涉及面廣、社會影響大，稍有不慎，就容易引起客戶的不滿，而最終影響團隊的形象，對團隊的發展極為不利；如果在關鍵時刻，還會對團隊造成毀滅性打擊。

在工作中，我們應該切記，自己的一言一行都代表著團隊的形象，我們應通過自己的一言一行展示出我們的優良作風，展示出我們的服務能力，為團隊的發展注入強大的能量。

之二十三

閱讀生活，分享快樂

● 一旦養成了習慣，閱讀會成為一種生活需要，使我們不至於腹中空空，腦中無物。

各位同事：

　　大家好！

　　最近，我再次閱讀了我們自己匯編的《我的工作 ABC》和《我的八小時之外》兩本書。同事們對八小時內工作的思考和對八小時外生活的描述，可謂句句見真情，字字為肺腑之言。字裡行間，都帶給人啓迪，讓我體會到分享的快樂和感動。

　　在《我的工作 ABC》一書中，財務部小 Z 寫道：「出納工作是一個與『錢』打交道的特殊工作，一定要嚴格遵守現金管理規定、出納工作規則和廉政紀律。錢是一個人在管，更要有『慎獨』精神，要管住自己不能有貪欲之心，不能有非分之想。」後勤部 C 同志寫道：「駕

駛員必須樹立牢固的安全意識，必須把『安全』二字裝在腦裡，記在心上。」據瞭解，事業部老 W 是一名長期從事一線工作的老同志，他寫道：「不斷深入客戶去廣泛宣傳解釋，多交心，不樹對立面，不激化矛盾。當好團隊的一張招牌，為樹立良好團隊形象做貢獻。」這些平凡的話語，讀來親切感人、給人鼓舞，讓我最為欣慰和引以為傲的是他們對工作的執著和熱愛。

《我的八小時之外》一書匯編了部分同事的業餘創作，充滿濃濃的生活氣息，又不乏大氣莊重，在字裡行間折射出質樸親情、別樣風情，可謂真摯情感。小 L 在《父親》一文中寫道：「再次翻到朱自清的《背影》，想到自己父親那慈祥的笑容、慈愛的目光、消瘦的身影；想到父親默默奉獻，把美好的青春年華獻給了他熱愛的事業；想到父親在生病期間，還關注著我們的工作、生活與成長進步。」2008 年新進入我們這個團隊的小 Y 在《入川一月隨筆》中寫道：「我的家鄉是一望無際的平原，由黃河入海衝積而成。甚至全市境內很難找到一個高於三米的坡。所以每次看到山，我都會特別興奮。當火車在凌晨翻越秦嶺入川，難以入睡的我貼著車窗看著連綿的山影和山間的河水，急切地盼望著火車早點到達目的地——那美麗的山水間。」還有一些非常精彩的文章，如《我的天空》《憶母親》《巴山婚事》《爺爺的時代情懷》等，展現了同事們的激情、鄉情、親情等豐富的精神世界。

我們匯編這兩本書希望能通過以「書」為媒的方式，傳播大家八小時之內和八小時之外的思想、經驗、方法和情感，達到分享、溝通、交流、共贏的目標。工作之餘，我們不妨耐心讀一讀《我的工作 ABC》，尤其是讀一讀和自己崗位相同或相近的同事的工作 ABC，分

享他們對工作的體會，借鑑他們的工作思路、工作方法；讀一讀《我的八小時之外》，走進身邊同事的精神世界，聆聽作者心靈深處的聲音，分享他們的片言絲語，對自己也有所裨益。

當然，我們閱讀的範圍絕不僅限於此。業務書籍、文學作品、史書地理……無論哪種書籍，多讀一點，對自己總有幫助。一旦養成了習慣，閱讀會成為一種生活需要，使我們不至於腹中空空，腦中無物。通過閱讀可以分享作者的情感體驗、生活閱歷、思想成果，瞭解書中介紹的理論、知識、技能，感受文字背後的智慧火花、道德力量、人文精神。一定意義上講，作者閱讀世界，我們閱讀作者，也為自身注入了更多內涵，使自身變得豐富起來。

在讀有字書的同時，我們也應當閱讀社會生活的「無字書」，多聽、多看、多想，在為人處世、待人接物等方面分享和借鑑他人的經驗與教訓，從而站得高一些，看得遠一點，豁達寬容、真誠明智、堅定剛毅。

開卷有益！茶餘飯後，願大家能抽出一些休閒娛樂的時間多翻翻書，生活中也不妨做個有心人，多閱讀思考，體會分享的快樂。

2009 年 11 月 16 日晚

員工心聲

我看過一個關於國民紙質圖書年均閱讀量的報導，每年閱讀紙質圖書人均數量，中國國民為 4 本左右，而韓國國民達到 11 本、美國

國民達到 7 本、日本國民達到 8 本，最厲害的是北歐國家國民，人均年閱讀量達到 24 本。

這是一個非常危險的信號，說明中國國民在閱讀上與其他國家國民相比，還有很大的差距。這種情形極不利於國民素質的提升，並且容易形成惡性循環，最終影響國家的未來。

一個不愛讀書的民族，是可怕的民族；一個不愛讀書的民族，是沒有希望的民族。因此，從我做起，從我們每一個人做起，通過閱讀獲取知識、分享快樂、改變命運。

之二十四

團隊，我們共同的船

● 從登上船的那一天起，我們能到達多遠，就要看船的航行情況。而船要乘風破浪、揚帆遠航，需要眾人划槳，需要我們船上每個人都把自己看成船的主人，而不是旁觀者或者乘客。

各位同事：

大家好！

昨天一位同事在收到「一帆風順」的新年祝福時，感嘆說：「一帆風順是不可能的，不過風浪也沒什麼，眾人划槳開大船嘛。」這位同事的話讓我想到一位艦長的故事。

1997年6月，當阿伯拉肖夫接管美國導彈驅逐艦「本福爾德號」的時候，船上的士兵士氣消沉，很多人討厭待在這艘船上，甚至想盡快退役。但是兩年後，情況發生了徹底改變。全體官兵上下一心，整

個團隊士氣高漲。「本福爾德號」變成了美國海軍的一艘王牌驅逐艦。艦長用了什麼辦法呢？他的秘訣就是一句話：「這是你的船！」阿伯拉肖夫對士兵說：「這是你的船，所以你要對它負責，你要讓它變成最好的，你要與這艘船共命運，與船上的所有人共命運。屬於你的事，你要自己決定，你必須對自己的行為負責！」

我想，對我們來說，工作團隊同樣也是一艘船。樹立與船一起航行的意識，看到面臨的嚴峻挑戰和發展機遇，用責任心和行動推動大船向前，船就是我們生存發展的平臺。船行得越好，團隊發展越好，就越能為職工創造更多的機會，提供更大的發展空間。就組織而言，組織應當合法、合理、合情、盡心盡力、忠誠地服務每一個團隊成員成長成才，一程又一程地將團隊成員送達目的地——「幸福港」。這也是「實現自我超越，共鑄和諧團隊」和「我與團隊同成長」的真實內涵所在。

從登上船的那一天起，我們能到達多遠，就要看船的航行情況。而船要乘風破浪、揚帆遠航，需要眾人划槳，需要我們船上每個人都把自己看成船的主人，而不是旁觀者或者乘客。

作為船員，只有「打工心態」是遠遠不夠的，我們更需要對組織忠誠。有時候，或許我們在一個崗位上太久了，便覺得自己的工作不過如此，職級薪酬也有較多的「門檻」，沒有多大意義，常有懈怠之情。我們或覺得航向之類的大事，由船長決定，與自己更是沒有什麼關係，漸漸便事不關己高高掛起。這種認識使工作變成了痛苦，也使我們自身喪失了前進的動力。個別同事可能還會反過來拖累船的前行。

聽參加今年研修班的一位同事說，來此中國人民大學的一位教師講到：在一個單位、一個團隊中，積極主動的人總是在「圈內」，在核心中，並且在組織發展中獲益最多。的確，在船上，每個人想要被人尊重，首先要對團隊忠誠，當船的主人，消除被邊緣化的感受，盡心盡力做好每一項對船有益的工作。

作為船的主人，在船上工作成為我們最享受的時光，操心也變成快樂，為船著想成為再自然不過的事。因為我們是在為自己工作，船上的事就是自己的事。

作為船的主人，我們要知道自己不是在撐獨木舟。船上的人是和我們同舟共濟的船員和水手，他們或許有這樣那樣的不足，但都因奮力劃槳而可敬可愛。

作為船的主人，我們需要和同伴保持一致的節奏。千舟競發，總是行動最協調一致且揮槳迅速有力的船先到目的地。船要全速前行，船員們必須朝一個方向努力。

又到歲末年終，團隊——我們共同的船，即將結束一段航程，經過適度的總結「檢修」，準備新的啟航。作為船的主人，我們期待著它碧波揚帆，破浪前行。

祝各位同事及家人新年快樂，身體健康，萬事順意！

2009 年 12 月 25 日

員工心聲

同舟共濟，需要的是我們每一個人都樹立起主人翁意識，在團隊

的發展中，絕不能把自己當成一個局外人。

我們都希望有一個好的工作環境，有一個好的發展前景，從這一點來說，我們的目標是一致的。在實現這個目標的過程中，就需要我們每一個人共同努力，想團隊之所想、急團隊之所急，把團隊的成長發展與自我的成長發展緊緊聯繫在一起。

之二十五

專注目標，傾力而為

● 我們想在一定時期內有所成就，就應該學習做一個「刺猬型」的人，擁有明確而集中的目標，把自己的時間、精力和智慧凝聚到所要干的重要事情上，從而最大限度地發揮積極性、主動性和創造性。

各位同事：

大家好！

一則寓言講到，狐狸知道很多事情，能夠設計無數複雜的策略向刺猬發動進攻。而刺猬知道一件大事：把自己蜷縮成一個圓球，渾身的尖刺指向四面八方。儘管狐狸比刺猬聰明，但刺猬總是屢戰屢勝。

在刺猬與狐狸的較量中，我們不難發現，刺猬的高明之處在於總是盡量簡化複雜的世界，尋求明確集中的目標，做一樣，專一樣，精一樣，做到極致。我們想在一定時期內有所成就，就應該學習做一個

「刺蝟型」的人，擁有明確而集中的目標，把自己的時間、精力和智慧凝聚到所要干的重要事情上，從而最大限度地發揮積極性、主動性和創造性。

通常情況下，我們不是沒有目標，而是目標太多了。猶如劉姥姥走入大觀園，想看的實在是太多太多。如果每天過分關注於太多的目標，對於大局的思考和控制能力會被逐漸消磨掉，慢慢就失去了思想和方向，變成了「被工作推著走」。目標太多，容易分散精力。精而專，而不是泛而雜，是爭取主動的關鍵因素。瞭解要處理的許多事務之中，哪一個是主要的，哪一個是次要的，哪一個是主要目標，哪一個是次要目標，處理事務才能有輕重緩急，看清主幹和分枝。平均用力，結果只能得到一些皮毛，淺嘗輒止，浮光掠影。

目標要集中，貴在專注。剛確定一個目標，很快又被新的其他目標吸引過去，迅即又放棄新目標，見異思遷，到處傾註精力，那麼到頭來便會徒勞無功、一事無成。有人描述專注目標時的狀態為：「當我朝著確定的目標，一往無前地追求的時候，這個世界好像再也不存在其他東西一樣。」

當然，專注於某一領域並不代表做任何事都僅僅局限於那個狹小的空間，而是講在走向成功的道路上，我們不能被各式各樣的干擾和誘惑遮擋住雙眼，從而偏離了確定的軌道。「術業有專攻」，要有所為，有所不為。要做好一件事情，首先是要有所不為，集中精力專攻其一，才能夠做到有所作為。

新的一年來臨，無論是工作團隊還是我們個人，都在積極規劃進步和成長。我們應當放低身段，向刺蝟學習，專注目標，排除干擾，

集中精力，傾力而為，實現自我設計和新的超越。

祝各位同事新年快樂，幸福安康！

2010 年 1 月 26 日

員工心聲

這封信通過一個寓言故事開頭，講述刺蝟蜷縮成圓球，擊退了狐狸的進攻，告訴我們對待工作與生活要向刺蝟一樣——「專注目標，傾力而為」，才會取得成功。

信中指出我們日常生活中「不是沒有目標，而是目標太多」的問題，提出解決這類問題的辦法就是要集中目標，專注目標，同時又要防止把自己局限於狹小的空間，從而確保目標不移、方向不偏，最終走向勝利的彼岸。

之二十六

「We. com」，一支最具潛力的成長股

● 作為員工兼股東，我們對待工作要勤奮，對待具體業務要精業，對待組織要忠誠，對待客戶要服務，對待自己要自信。當公司面臨暫時的困難時，想方設法幫助公司渡過難關。

各位同事：

　　大家好！

　　在年初參加幾個單位的工作會上，我向同志們提出了投資在「We. com」的命題。我想，在公司裡，我們既是員工，又是股東，既參與創業奮力打拼，也分享成果獲得收益。因為經營的是自己的公司，我們充滿自信，敢於擔當，把公司的興衰成敗與自己的發展聯繫在一起，為公司的興旺發達貢獻自己的一分力量。我們自己的小跨越、小進步，推動和形成我們這個工作團隊的大跨越和宏圖偉業。沒

錯，「We.com」，就是一支最具成長潛力的股票。

　　投資在自己的團隊，就等於擁有一家創業又創收的公司。作為員工，我們以各自不同的方式直接參與公司的生產經營。作為股東，公司的經營收益與我們的分紅息息相關。公司經營狀況的好壞既與我們的工作效率有關，又影響我們的切身利益。我們與公司結成了利益共同體，實現風險共擔、責任共負、效益共創、利益共享。我們會自覺或不自覺地將自己與公司的發展牢牢地捆在一起，與公司形成「產權-責任-利益」的紐帶關係。

　　我們每一個人都是自我的經理人，是「Me.com」的首席執行官，合在一起，就組成了我們的團隊——「We.com」。作為員工兼股東，我們對待工作要勤奮，對待具體業務要精業，對待組織要忠誠，對待客戶要服務，對待自己要自信。當公司面臨暫時的困難時，我們要想方設法幫助公司渡過難關。在有關個人的問題上，我們要大度、灑脫、幽默、果斷，理解公司，相信組織，顧全大局，顯示出素養；在事關公司及團隊的問題上，我們要機警、堅定、恰當、藝術，真誠負責地為客戶服務，爭取團隊效益的最大化。

　　光陰流轉，多年來，我們取得了較好的業績，贏得了滿意「分紅」。新的一年，「We.com」依然是一支最具潛力的成長股，期待大家以自信、擔當和不斷學習投資其中，與團隊同成長。

2010年2月25日

員工心聲

沒有什麼比為自己工作更快樂的事情，這是我加入團隊後的切身感受。

這些年來，團隊傳承合作共贏的理念，營造團結和諧的創業氛圍，建立起科學有效的激勵機制，激發了全體團隊成員干事創業的熱情和勇氣。團隊凝聚起強大的戰鬥力和創造力，取得一項又一項顯著的業績，每一位團隊成員真真切切地感受到快樂，感受到收穫。

非常感謝團隊領頭人，我們將一如既往，當好「員工兼股東」，再創團隊新輝煌。

之二十七

跳出定式，走出「想當然」

● 當新問題、新目標出現時，定式會使解題者墨守成規，難以湧出新思維，做出新決策，造成知識和經驗的負遷移。

各位同事：

　　大家好！

　　曾有人做過實驗，將五只猴子關進房間，在房間的角落掛一串香蕉。每當有猴子靠近香蕉試圖摘取時，實驗裝置就會噴水，把猴子們都澆得濕淋淋的。幾天後，沒有猴子敢接近香蕉了。實驗人員關掉噴水裝置，換進去一只新猴子。新猴子剛試圖去摘香蕉，就遭到舊猴子奮力阻攔，甚至會被暴打，不久新猴子就放棄了這種打算。又換一只新猴子進去，結果還是如此，阻攔它最凶的，還常常是之前換進去的那只猴子。這樣陸續又換了三只猴子，房間裡沒有被水淋過的猴子了，但香蕉掛上去還是不會被摘走。

其實，不僅是實驗中的猴子，就連我們自己，也常有類似情況發生。因為有「習慣成自然」的便利，先前的經驗、習慣和思維模式，會不可避免地影響我們後來的判斷和行為，形成定式。定式有一定積極作用，在環境不變的條件下，使我們能夠應用已掌握的方法迅速解決問題。但在形勢發生變化時，如果還讓習以為常、耳熟能詳、理所當然的事物充斥生活，我們就容易逐漸失去對事物的熱情和新鮮感，變得越來越循規蹈矩，按部就班，老成持重，越來越「想當然」，最終喪失創造力和想像力，使得定式成為束縛我們的枷鎖。當新問題、新目標出現時，定式會使解題者墨守成規，難以湧出新思維，做出新決策，造成知識和經驗的負遷移。

定式的反面，就是改變。要改變及完善我們自己，關鍵是要改變定式，改變我們觀察世界的視角和思考問題的方法。不斷變革創新，才會充滿生機活力；否則，就可能會變得僵化。已有的定式並不是神聖的萬能的遺產。一些陳舊的、不切合新實際的東西，應當堅決放棄，大膽地以新對新，以新破難，創造性地解決我們的新問題。

改變或者放棄定式是有一定難度的。改變需要有明確的認識，自覺進行。比如，我們可以從樂於接受新信息、新觀念和新事物開始，而不是因為自己對其陌生和不適就不假思索地排斥。上海有位九十多歲的老太太，發電子郵件給市政府領導，對辦好世博會提建議，真是可愛可敬，與時俱進。改變需要有足夠的勇氣和決心。跳出定式不是一味地標新立異，而是「而今邁步從頭越」，可能會面臨質疑、非議、風險甚至失敗，既不能折騰又必須打破條條框框，考驗我們的膽識。同時，變革還需要一定的靈感。靈感不是天生的，而是全情投入、用

心思索的產物。

　　能夠把我們限制住的，就是我們自己。我們正面臨生活、工作中各種要素加速變化的新形勢，應增強相機抉擇、隨機應變的能力，打破定式，轉變觀念，豐富措施辦法，善於認識「新」、適應「新」、把握「新」、創造「新」。

　　跳出定式，不「想當然」，大膽作一些嘗試和突破，我們將因為自己的創新而多獲得一份驚喜與進步。

2010 年 3 月 18 日

員工心聲

　　在團隊同一崗位工作的時間長了，遇到項目策劃時，總有那種「走不出老路」的感覺，習慣於拿已有的經驗來衡量，打不開思路，我想這就是一種定式，一種思維上的定式。

　　這種定式在一定程度上限制了我們的創造力和想像力，確實不利於工作的開展。改變這種定式，首先需要自己有明確的認識，其次是要自覺地進行一些適應性的訓練，最後還必須有足夠的勇氣和決心。當然，在改變定式的過程中，也要避免一味地標新立異，應當充分吸收以往經驗中的有益成分。

之二十八

0.1，績效的關鍵

● 環環相扣的一系列過程結束後，僅僅5個「很不錯」的90%，最終帶來的結果就是不及格（90%×90%×90%×90%×90%<60%）。任何一個環節做得不到位，哪怕相差的只是看起來微不足道的0.1或者小小的一步，都可能會造成意想不到的不良後果。

各位同事：

大家好！

有一則故事說到，在一次打獵中，獵人開槍擊中了兔子的後腿，受傷的兔子拼命逃跑。獵狗飛奔而出，去追趕兔子，可是沒有追上，只好悻悻地回到獵人身邊。獵人罵獵狗：「真沒用，連只受傷的兔子都追不到。」獵狗很不服氣：「我已經努力了呀！」兔子筋疲力盡地逃回了洞裡，它的兄弟們驚訝地問它：「那只獵狗很凶，你又帶了傷，

怎麼跑得過它的?」受傷的兔子回答:「我是全力以赴!它沒追上我,最多挨一頓罵,我要跑慢一步,就真的沒命了。」

獵狗也許沒有意識到,只因為慢了一步,差了一點,就會與獵物失之交臂。

這個道理同樣適用於我們的日常生活。有人認為:把事情做到100%太辛苦了,也太不現實了;做到90%就不錯了。這種說法似乎很有道理,但事實上,做事的過程是由一個一個環節串聯而成的,每個環節都以上一個環節為基礎。環環相扣的一系列過程結束後,僅僅5個「很不錯」的90%,最終帶來的結果就是不及格($90\% \times 90\% \times 90\% \times 90\% \times 90\% < 60\%$)。任何一個環節做得不到位,哪怕相差的只是看起來微不足道的0.1或者小小的一步,都可能會造成意想不到的不良後果。比如,建築時的一個誤差,可以使整幢大樓轟然倒塌;生產線上的一點點操作失誤,就會使一批產品統統報廢⋯⋯如果我們不能在每個環節中都認真對待,不致力於做好、做到位,而是認為「差不多了」,那麼最終的結局就是失誤累積,副作用放大。到了這個時候,再回過頭來按照100%的標準進行「檢修」,就可能意味著整個項目、整件事情都需要「推倒重來」,意味著時間和資源的浪費,意味著效率低下和錯失時機,意味著先前的努力付諸東流。就好比一鍋「夾生飯」,同樣用了米和柴,可是不能吃,而所差的,就是那麼一點點火候。

因此,我們的日常工作和生活中,許多事情就不允許「差不多」,是一點都不能差,差一點就不行。我們該像全力以赴的兔子一樣,時常問問自己:「我盡力了嗎?」簡單來說,就是吃了這口飯,就一定把

這事干好！就是要有這樣一種精神——始終如一地將生活和工作保持在一個「最好」的狀態，把自己分內的事情做到位。

在各環節都做到位的基礎上，我們還應考慮環節間的緊湊安排和無縫連接，就是要進行系統管理、鏈式管理，通過整體規劃、統籌協調，避免脫節和內耗，實現各環節間的「零等待」，把科學的「分」變成有效的「合」，形成「1+1>2」的效應。

全力以赴，把事情做到位；著眼全局，把環節安排緊。我想，有了這兩點，我們做事的績效將有較大的提高。

2010 年 4 月 28 日

員工心聲

讀完這封信，感覺有些慚愧。在工作中，我有句口頭禪，就是「差不多」。現在想來，這對工作極為不利。我們團隊的每一個崗位都環環相扣，程序要求極為嚴密，如果每一個人都像我一樣抱著「差不多」的想法，都差那麼 0.1，其結果就是我們整個團隊的工作都不合格，實在太可怕了。

今後的工作中，我一定要下決心改掉這個毛病，盡全力干好每一件事，完成好每一項任務。

之二十九

自我調適，樂在心中

● 在樂觀中擷取一份坦然，面前就會盎然多彩；在悲觀中蒙上一片鬱悶，只能瓦解積蓄的力量。保持快樂和心理健康，我們不妨試著調整一下自己。

各位同事：

　　大家好！

　　今年4月，我在北京參加培訓時，有位老師講到了我們容易出現的一些心理不適問題。我想，瞭解這些知識，對心理健康予以一定重視，提高自我調適能力，對我們是很有益的。我們宜經常做一個自我「診斷」和自我修復。

　　心理倦怠是常見的不適之一。比如工作倦怠，較長時間內感到疲乏倦怠，腦累、身累、心累，甚至有身心耗竭之感；生活倦怠，對許多一貫的愛好失去興趣，懶得一動；情感倦怠，自我封閉，交往很熱

鬧，內心很孤獨，拒人於千里之外；還有心理脆弱，適應性變差，對周圍變化一律心存排斥；此外是心理易失衡，感到不公、委屈、不被理解。總之，就是快樂不起來。

其實，天堂、地獄，都由心造。我們快樂不快樂，在本質上和財富、地位、權力沒關係，而是由我們的思想、心態決定的。快樂與健康，和樂觀向上、滿懷希望的心理密切相關。從某種意義上講，我們心中有什麼，我們就看到了什麼、得到了什麼。在樂觀中擷取一份坦然，面前就會益然多彩；在悲觀中蒙上一片鬱悶，只能瓦解積蓄的力量。保持快樂和心理健康，我們不妨試著調整一下自己。

改變認知方式。對自己、對別人、對環境的看法和認識，盡量由片面變全面，既見樹木又見森林，看到這方面不好那方面好。變絕對為相對，敢於接受不完美、不完滿的世界，看到不好中有好。變靜止為動態，塞翁失馬，焉知非福，看到事物的發展變化，看到現在不好將來好。

改變行為習慣。有事不應悶在心裡，要學會傾訴或者聽聽音樂，或者把它寫下來。遇事也不應總是自責，不妨安慰自己，有一點阿Q精神。當然，也不要忘記努力進取。閒時更不能鎖在家裡，應外出運動鍛煉。

改變性格。雖說「江山易改本性難移」，但難移也意味著可移。改變暴躁，每臨要事有靜氣，處變不驚，從容淡定，善於自控，平心靜氣，開闊胸懷，著眼長遠。事緩則圓，延緩是平息怒火的好辦法，遇到暴怒時，在開口前先長出幾口氣。放棄自卑，不高估自己的能力，也不低估自己的潛力。相信自身的價值——天生我材必有用；看

到自己的優勢——尺有所短，寸有所長；善於做正確比較——把自己的今天和昨天比較，每天進步一點點。遠離悲觀，凡事往好處想，不對過去的事情後悔，懂得放棄，拿得起放得下，也不對未來的事情害怕，全心全意集中於現在的一分一秒，集中於當下。不偏激、偏執、狂躁，不走極端、絕對化，而是用同理心，在交際交流中換位思考，不以自我為中心，注重考慮他人需求。看問題時，從多個角度考慮。

生命是一個括號，左括號是出生，右括號是死亡。其實，我們的一生就是填括號。用快樂和好心情把括號填滿的訣竅，全在於我們自己的心態。適時調整心理，心中多盛快樂，這個夏天，我們一起體會「心靜自然涼」的妙處。

2010 年 5 月 26 日

員工心聲

隨著社會的不斷發展及改革的不斷深入，我們面臨著各種利益格局的調整，住房、醫療、養老、子女、生活、工作等壓力接踵而來，如果沒有一個健康的心理，我們如何承受這時代之重？因此，心理調適對於我們來說太重要了。

信中提出了三種方法進行心理調適，一是改變認知方式，二是改變行為習慣，三是改變性格，非常有道理，我們可以盡力去嘗試，活出快樂、健康的自己。

之三十

往高處走，往安全處走

● 「天下熙熙，皆為利來；天下攘攘，皆為利往。」我們歷來承認利益的合理性，但君子愛財，取之有道，要依法合規，非分之財不取，不義之財不要。

各位同事：

上周五（5月28日），我和各位同事通過視頻系統一起觀看了明察暗訪專題片，我和同事們一樣感到很震驚、很痛心。因為這些事就發生在我們身邊，因為其中的某個當事人很可能就是我們的熟人、朋友或者家人。你的安全，是我們共同的責任。今天接著這個話題，我想和大家進一步交流一些感受和認識。

責任重於泰山。從政府層面看，從專制政府到責任政府，是人類政治文明的一大進步。「迄今為止，人類最大的進步，就是政府進了法治的籠子。」對公權力來說，法不授權即禁止。責任政府的核心特

徵是政治責任，責任政府的建立和落實不僅需要政府對選民負責，而且需要政府對公務人員行政行為負責。因此，政府必將採取有效措施約束、管理公務員。辦公室的一位同事說，社會進步了，對於掌握著一定公權力的我們，已被列為「高危人群」，目前的安全系數僅高於井下的煤礦工人。從我們面臨的情況來看，一些工作關係到利益的分配，關係到錢袋子的分配，我們的工作處在風口浪尖上。現在公眾的法律意識提高了，法治環境越來越好了，同時社會公眾對我們的關注、期盼、監督也更多了、更高了。可以說，我們就像「玻璃缸中的金魚」，一舉一動都在公眾的視野之下。我們的權力來自於社會，應當服務於社會，應當對社會負責，應當接受社會監督。從個人層面看，我們這個團隊的成員需要具備很強的素質，需要有效地發揮社會示範性。現在許多大學生一拿到畢業證，同時也拿到失業證。我們所在的市有300多萬人口，就業形勢異常嚴峻，而像我們團隊這樣的崗位卻並不多，今年報名競爭的也更加激烈，足見崗位的稀缺性。崗位來之不易，我們要倍加珍惜。

　　自我審視，檢討反思。應當肯定，我們的工作團隊在效能建設中總體是好的。視頻中反應的一些問題，比如上班遲到早退、上班時間玩游戲或看電影、接待來電來訪相互推諉等損害團隊形象的事和人，我們「僥幸」未被暗訪到，但並不意味著我們沒有問題，可以肯定地說有的問題還更嚴重。我想，「上醫治未病」。一個人、一個組織假如能及早察覺疾病的苗頭，能請良醫及早治療，那麼病就可以治好，性命也可以保住。病人所苦的是疾病的種類太多，醫生所苦的是治病的藥方太少。古代名醫扁鵲講「六種病」不可治，驕橫放縱不講理，是

一不治；輕身重財，是二不治。世界上什麼藥都可以買，但我們買不到後悔藥。對此，我們務必高度警醒，切忌掉以輕心、麻痺大意。我們要實事求是地檢討，我們在執法、行政、做人方面，都不同程度地存在這樣那樣的矛盾和問題。其實有些「病」和「痛」，組織和同事未必看得出來，只有我們自己才知道，自己才清楚，需要各單位、個人自行檢討、反思和自醒，自己來排查。

下決心務實整改。存在問題並不可怕，可怕的是對問題熟視無睹，無動於衷。對於存在問題，我們要自己及早「吃藥」，認真整改，自我修復。從組織層面上，我們將進一步加強教育引導、完善制度規範、加強監督約束（信任不能代替監督）、嚴肅查處懲治。從個人層面上，關鍵是我們每一個人都要牢固樹立安全意識、效能意識、監督意識。俗話說：「雞蛋是自己變臭的。」內因是事物發展變化的決定因素，因此我們要特別自重、自省、自警、自勵。注意能力欠缺、知識短缺帶來的風險。我們應檢討我們的工作過失。在作風上，我們說話要和氣，辦事要公道。我想，我們對前來辦事的同志要做到一起立、二問好、三讓座、四上茶（水）、五談事、六送客，這樣就比較規範。我們應把所有的工作對象（包括上門的來訪者或我們下戶時的接訪者），視作親人朋友，友善而不怠慢；視作效能監察暗訪者，警醒而不大意。在方法上，我們應做正確的事，注意細節，正確地做事。尤其不能做與公務無關、與身分不相宜的事。比如，在辦公室的空閒時間，我們可以看看業務書籍、探討業務問題，但是不能做與工作無關的事。在休息娛樂時，我們應注意時間、場合和對象。在社會交際上，我們應慎交友，交良友，交諍友。我們要誠實守信，因為以金相

交，金耗則忘；以利相交，利盡則散；以勢相交，勢去則疏；以權相交，權失則棄；唯心相交，靜行致遠。在做人上，我們對組織、法律、制度、政策、家庭、群眾要有敬畏之心；對組織、社會、群眾、家人、同事要有感恩之心；要有包容之心，金無足赤，人無完人。我們要注重換位思考，把自己當成別人，把別人當成自己；要有「隨喜」的功德，善於成人之美，美人之美，不要有嫉妒之心，損人利己的事不能做，損人不利己的事也不能做。尤其是在面對利益誘惑時，算好政治帳、親情帳、經濟帳、社會帳、家庭帳，否則多行不義必自斃，一失足將成千古恨。「天下熙熙，皆為利來；天下攘攘，皆為利往。」我們歷來承認利益的合理性，但君子愛財，取之有道，要依法合規，非分之財不取，不義之財不要。

我想，我們要共同重點建好以下六項制度：

第一，業務公示制。凡是與客戶直接相關的事項，只要不違反保密要求，原則上都要實行公示。

第二，服務承諾制。在已向社會公開服務承諾的基礎上，進一步健全和完善有關制度，抓好承諾內容的落實。

第三，崗位責任制。強化責任追究，切實解決疏於管理、淡化責任的問題。

第四，首問負責制。每一名同志都是團隊的形象代表。說實話，外界對我們的評價往往就是依據一些「小節」而非所謂的「大節」來反應和評判的。對於外單位上門前來辦事的，屬於自己權限範圍內的，要及時處理；不屬於自己權限範圍內的，請帶他找到相關部門和同志。對於接到的諮詢電話，也要同樣處理。屬於自己權限範圍內

的，要及時處理；不屬於自己權限範圍內的，請告訴他相關部門和同志的聯繫方式，並注意事後第一時間給相關部門和同志通通氣。注重了這些細節，嘴勤、手勤、腳勤一點點，相關當事人就會進一步理解和支持我們的工作。

第五，權力監督制。我們要注重建立和完善監督制約機制，對各種權力，都必須民主用權、陽光用權、規範用權。

第六，過錯追究制。由於不負責任，不履行或不正確履行自己的工作職責的同志，造成損失的，應對其追究相應行政責任和經濟責任等。

我們所在的這個團隊是一個家庭、一所學校、一支軍隊，我們每一名同事都要自覺遵行「五不讓」：不讓組織安排的工作在自己這裡延誤；不讓需要辦理的文件在自己這裡積壓；不讓各種差錯在自己這裡發生；不讓來辦事的客戶在自己這裡受到冷落；不讓工作團隊的形象在自己這裡受到影響。

以上認識和看法，是為了讓我們更好地用心工作、快樂工作、安全工作。因為作為組織來說，我們會盡心盡力、盡職盡責地把團隊往高處帶、往安全處帶，對問題不袒護，對團隊成員要保護、不放棄。但同時，這也需要我們每一個人，同心協力，往高處走，往安全處走。

祝安。

2010 年 6 月 3 日

員工心聲

　　不懂得珍惜，在失去以後才知道什麼叫珍貴，這是很多人都容易犯的錯誤。

　　正如一些人對我們今天所在的崗位總有些抱怨，認為待遇沒有其他行業高，或者工作任務太重，或者管理太嚴，於是思想開小差，對團隊的紀律無所畏懼，上班不按時、工作不盡責，走錯了方向，將自己置於危險的境地，甚至違法亂紀。當然，結果是必然會受到相應的處罰，那時再後悔就來不及了。因此，往高處走，往安全處走，是我們必然的選擇。

之三十一

我們的星空，因你而更加燦爛

● 克服職業倦怠，讓我們工作團隊整體和個體保持活力，是我們共同的責任。

各位同事：

大家好！

最近我逐一走訪基層單位，與一些同事交流，話題圍繞「講一講自己的歷史」展開，分享上半年工作、生活、學習的滿意點和不滿意點（抱怨點），以及對我與組織的工作意見和建議。很多同事侃侃而談，回憶過往，儘管免不了曲折和遺憾，卻無不色彩斑斕、熠熠生輝。在平凡的崗位上，我們釋放著自己的光和熱，如一顆顆星辰，努力匯聚成事業發展的絢麗銀河。

談起剛剛參加工作時的情景，有的同事為了幾元錢的業務，步行十幾里的山路；有的同事為了在客戶面前說得起話，熬夜鑽研工作業

務；有的同事自覺工作經驗缺乏、文化水準有限，為了彌補不足，鬥志昂揚，邊干邊學，就算是很忙，依然很開心，因為有目標、有挑戰。這種條件艱苦、收入微薄卻工作激情四射的狀態，幾乎每個人都經歷過，而且成為我們記憶中難忘的閃光點。可是，也有同事很困惑地提到，工作駕輕就熟了，激情也往往隨之湮滅，昔日充滿創意的想法消失了，每天的工作只是應付完了即可，既厭倦又無奈，不知道自己的方向在哪裡，也不清楚究竟怎樣才能找回曾經讓自己心跳的激情，「茫（然）、盲（目）、忙（碌）」的感受總是揮之不去。

　　激情衰退、工作倦怠的原因是客觀存在的，有個人職業興趣、知識文化、工作能力、性格特徵方面的因素，也有組織結構、工作流程、管理制度方面的因素。當下，人受制於物的現象較為嚴重，在一定意義上講，極個別人見利忘義的道德迷失，重當下輕未來、跟著感覺走的存在迷失，還有目標喪失、缺乏深度感的形而上的迷失問題有所抬頭。

　　我想，克服職業倦怠，讓我們工作團隊整體和個體保持活力，是我們共同的責任。作為組織而言，我們將進一步優化人力資源管理，努力實現人、事、崗、責、績、效的相對合理有效對接；提供更多的、有效的教育和培訓機會；加強團隊建設，努力把我們這個工作團隊建設成為一支軍隊、一所學校、一個家庭；同時，堅持開放、對等、參與、交流、互動、分享等理念，實施情感支持計劃。實事求是地講，組織的主體還是我們每一名戰士、每一名學員、每一名家庭成員。以下是我從與近 200 名同事交流中獲得的一些認識和看法，可供參考。

加強心理資源管理。調整好心態，保持合理適度的期望值，保持積極的工作和生活態度。少做、不做無謂比較，常給自己正向的心理暗示，自我肯定，自我激勵。

　　明確目標。有目標才會努力去實現。目標宜具體、可量化且富有一定的挑戰性。每實現一個小目標，就獎勵自己一下。這樣，我們就容易發掘工作的意義和樂趣。

　　不斷充實自己。給自己充電（知識、能力、體能），增強自信。有的同事說，學習給人寧靜的心態、理智的頭腦、開放的胸襟。在學習中提出問題、研究問題、解決問題，學有所獲，學以致用，就會有成就感。我自己也深感，學習是緩解工作壓力的有效辦法之一。

　　勞逸結合。毋庸置疑，人是主體，是本位；工作不是目的，是手段。工作是為了更好地生活，讓生命更有意義，和生活並不矛盾。激情工作，快樂生活。八小時之內，應遵守工作紀律，提高工作效率和效能，盡量不留「家庭作業」；八小時外，工作神經不宜繃得太緊。張弛有度，體力、精力才能及時補充。

　　今年以來，除了正常的年度考核外，我們又有多名同事被總部表彰為「業務標兵」，我們還正在組織評選季度「業務之星」，包括學習、創新方面的明星，還有奉獻、服務方面的明星。這些先進典型，正是在日常工作、生活、學習中不斷克服倦怠，始終保持熱情，孜孜以求，才成為大家認可的明星。我想，我們每個人都再努力一點，每天進步一點點，也一定能讓自己的那顆星更加閃亮發光。我們整個團隊的星空，也一定會因你而更加燦爛。

2010 年 7 月 15 日

員工心聲

　　隨著時間的推移，一些人開始產生職業倦怠，這是在所難免的，關鍵是如何消解這種倦怠，讓我們始終保持積極向上的健康心態。信中給出了一些方法，具有很好的借鑑意義。一是加強心理資源管理，核心在於正向的心理暗示；二是明確目標，在實現目標的過程中發掘工作的意義和樂趣；三是不斷充實自己，通過學習緩解工作壓力；四是勞逸結合，保持充沛的體力和精力。

之三十二

開放包容，跨越團隊的「陷阱」

● 團隊成員的「搭便車」心理及矛盾衝突使團隊注意力內斂，而對外界信息反應速度減慢，團隊適應性和靈活性逐步衰減甚至喪失，團隊因此進入故步自封、裹足不前的「陷阱」。

各位同事：

大家好！

日本指揮家小澤徵爾成名前，有一次去歐洲參加指揮家大賽，在進行決賽時，評委交給他一張樂譜。演奏中，小澤徵爾發現樂曲中出現了不和諧的地方，以為是樂隊演奏錯了，就指揮樂隊停下來重奏一次，結果仍覺得不自然。這時，在場的權威人士都鄭重聲明樂譜沒有問題，而是他的錯覺。面對幾百名國際音樂權威，小澤徵爾考慮再三，堅持自己的判斷。結果，評委們向他報以熱烈的掌聲，原來，這

是評委們精心設計的「圈套」。

在權威或者團隊中的多數意見面前，堅持不同的觀點，是需要自信和勇氣的。為了防止受到孤立，有的團隊成員在表明自己的觀點之前會對周圍的意見和環境進行觀察，當發現自己屬於「多數」或者「優勢」意見時，會傾向於積極大膽地表明自己的觀點；當發現自己屬於「少數」或者「劣勢」意見時，一般不容易堅持自己的觀點，會由於環境壓力而轉向沉默或者附和。久而久之，在討論問題時，不少人便產生「搭便車」「隨大流」心理。這種氛圍一旦形成，問題發生時，在意見高度一致的表面之下，有可能是團隊成員把「異議」「異見」積在心中，不發表出來，當面不說背後說，會上不說會下說。團隊成員的「搭便車」心理及矛盾衝突使團隊注意力內斂，而對外界信息反應速度減慢，團隊適應性和靈活性逐步衰減甚至喪失，團隊因此進入故步自封、裹足不前的「陷阱」。

事實上，不同意見和反對者的聲音，是最為稀缺、彌足珍貴的資源，對團隊是很有益處的。在法律政策「籠子」框架下，工作生活中不同意見之間的辯論，特別是反對意見的存在，可以使我們的認識更全面深刻，把事情辦得更合理謹慎一些，少犯錯誤。因此，我們不必因為自己站在少數一方而盲目恐慌，在秉持公心慎重考慮的基礎上，堅持自己的判斷，敢於辯論，是對團隊負責的表現，值得肯定和鼓勵。

我們這個工作團隊是由秉性各異、個性不同的成員組成的，成員個體對待事物的觀點、方法和態度也不盡相同，或許贊同，或許反對，這是一種客觀存在，關鍵是我們以怎樣一種思維方式去對待。

團隊成員對自己團隊有歸屬感、認同感甚至滿足感，是可以理解的，但絕不能就此排斥內外的創新思想與行為。對內外不同意見保持謙虛和尊重的態度，認真傾聽反對者的表達，思考辨析其是否有助於事物全局的發展或者向更好的方向發展，善於從反對意見中汲取智慧和營養，把工作做到更好，都需要我們團隊整體和成員個體具備一種包容與開放的心態。在內部，成員暢所欲言、充分發表意見，應有受到尊重的體會和為團隊建言獻策的成就感；在外部，不自我封閉，避免形成一座孤島，而是積極主動地博採他山之石為我所用。我想，這是作為一個開放團隊應有的內涵和素養。

2010 年 8 月 23 日

員工心聲

在我們的團隊中，確實存在一些「好好先生」，幹什麼事都是隨聲附和，沒有自己的主見，或者認為團隊的事與己無關，領導怎麼說我就怎麼做。也有一些人表面上對什麼事情都贊成，當面誇人一整套，背後卻胡亂發表意見，搞得大家不和諧。對於這些現象，我們應該引起重視，通過正確的引導、有效的溝通，保持團隊的正確發展方向，努力建設一支開放包容的團隊。

之三十三

守住希望，守住生命的光芒

● 個人相對於體制是渺小的，但也不能完全被體制所束縛，要在體制的框架內努力讓生命散發出無限光芒，要敢於「創造性地去破壞」，即善於創新。

各位同事：

　　大家好！

　　最近重溫了《肖申克的救贖》這部電影，再次看到這句非常經典的臺詞，感觸頗深。「這些牆很有趣。剛入獄的時候，你痛恨周圍的高牆；慢慢地，你習慣了生活在其中；最終你會發現自己不得不依靠它而生存。這就叫體制化。」我想，每個人都有屬於自己的體制，但人的本性卻是崇尚自由的，我們喜歡的是在一定規矩上的行動自由。也許接受這個體制的過程是痛苦的，然而一旦我們融入這個體制中，就會自覺維護規則的運行。儘管我們在口頭上有這樣那樣的批判，能

真正提出建設性修正意見的卻幾乎沒有。

其實，我們在工作和生活中，又何嘗不是這樣呢？就像剛出抬規章制度時，許多同志會不習慣，感到制度難以遵守，甚至抱怨、牢騷不斷。但日子久了，每個人都會自覺不自覺地遵守並維護制度的運行，甚至會對不遵守制度的人側目而視。雖然我們度過了從不適應到適應的調整過程，可試問，我們是否真正細想過制度本身的合理性，並提出改進措施呢。

我們的團隊在一定程度上講，是一個體制完備的系統，體制的完備化從某一方面看是好事，能帶來程序化的高效率，但是從另一個角度看，也需要防範體制的「陷阱」。當逐漸習慣體制內安逸舒適生活的時候，我們感到滿足，不斷安慰和暗示自己，這樣的生活應該珍惜和慶幸。於是，意志就此被磨滅，目標和思想也被丟掉了。就像電影裡的那個圖書管理員「老布」，一開始的時候，他想逃離那個世界，可真正要走了卻痛哭流涕。在獄中，他是個有地位、有教養的人，在外面卻什麼都不是。度過50年的獄中生活，他已經不知道如何去面對外面的世界，不知道如何在外面的世界生活下去。我想，體制塑造一個社會的心態，也能夠影響一個人的思維模式。或多或少，人都是有懷舊情結的。我們留戀的不僅是曾經的人和事，更有包含在其中的體制與機制。

個人相對於體制是渺小的，但也不能完全被體制所束縛，要在體制的框架內努力讓生命散發出無限光芒，要敢於「創造性地去破壞」，即善於創新。首先，我們要合理確定和調整目標，將其與組織願景和個人發展結合起來，並給其設定一個適當的高度。比如，是否做好了自己的本職工作，是否在行業中的某一方面做到出類拔萃，是否能夠

觸類旁通地將相關知識運用到實際工作中去，等等。其次，我們要分階段制訂施行計劃和方案，審視目標落實情況，不斷修正路線，確保目標達成。雖然我們不能直接決定我們的薪酬和職位，但是工作的主動權卻牢牢掌握在我們自己的手中，要在平淡中充實，不斷發掘工作的發光點，讓滿足感和自豪感充斥我們的生活，讓生命散發出熠熠光輝。總之，有目標，就不要放棄；有思想，就不要丟掉。反對的，就不要輕易變成支持；贊同的，也不要隨便反對。

不管在什麼環境裡，我們其實都處在一個漸漸體制化的過程中。我想，體制的束縛，因為我們不僅依賴，也能得到現實的好處。在得到利益的同時，我們不應該被體制所羈絆和束縛，應給目標插上飛翔的翅膀，讓生命閃爍熠熠光輝，還思想一片自由的天空，讓意志和希望永在。

2010 年 9 月 25 日

員工心聲

用「溫水煮青蛙」來形容我現在的生活一點也不為過，從走出校園到參加工作，然後結婚生子，之後一步一步好像已經完全安排好了，就只需要按著步驟走下去。曾經對這種生活心滿意足，但隨著時間的推移，自己也開始懷疑人生了，最開始的理想去哪裡了呢？我很想衝破這種束縛，但又無能為力。

讀了這封信，我感到是時候好好思考自己的人生了，絕不能被現實所羈絆和束縛，堅持朝著正確的目標前進，讓意志和希望永在。

之三十四

善友，讓我們走得更遠

● 一個人能走多遠，要看他與誰同行；一個人有多優秀，要看他有誰指點；一個人有多成功，要看他有誰相伴。

各位同事：

大家好！

最近看到美國的一句諺語：「與傻瓜生活，整天吃吃喝喝；和智者生活，時時勤於思考。」我想，這和我們中國古語中講的「近朱者赤，近墨者黑」有異曲同工之妙。的確，現實生活中，朋友和周遭環境的影響力非常之大，大到可以潛移默化地影響甚至改變我們的一生。

古語有雲：「與善人居，如入芝蘭之室，久而不聞其香，即與之化矣；與不善人居，如入鮑魚之肆，久而不聞其臭，亦之化矣。」孟母三遷的故事大家也都耳熟能詳。其實，環境對人的影響不光是在價

值觀尚未成型的童年。有時候，環境是可以改變我們的既成觀念的。的確，一個人能走多遠，要看他與誰同行；一個人有多優秀，要看他有誰指點；一個人有多成功，要看他有誰相伴。如果一個人想展翅高飛，那麼就得多與雄鷹為伍，少與小雞相伴。物以類聚，人以群分，就是這個道理。

在一定程度上講，有什麼樣的朋友，就預示著自己有什麼樣的未來。那麼，在私人空間，我們應與什麼樣的人交朋友呢？根據與同事們交流的情況，我想，大致可以分為三類：一是「師友」，就是在一些方面或某個方面強於我們，能夠給我們以指引的朋友；二是「淨友」，就是品德高尚，乾淨清廉的朋友；三是「諍友」，就是敢於直言，能及時批評指正我們的錯誤，給我們提供很多幫助的朋友。

從事業空間來說，我們處在這樣一個團隊中，潛移默化地被團隊影響著。在一定程度上，我們不能通過選擇來改變我們所處的團隊，那麼唯有轉變觀念，修身養德，讓團隊變得更加完善、和諧，同時充分發揮團隊對所有成員的能動作用，促進各組織和幹部職工的自身建設。多年來，我們欣慰地看到，很多同事用自己的實際行動踐行了「實現自我超越，共鑄和諧團隊」的組織願景，不斷挑戰自我、完善自我，組織競爭力也得到進一步的提高。同時，我們也堅信，只要繼續秉承開放包容的理念，努力探尋，不斷超越，我們的明天會因不斷的努力更美好，而團隊中的每一個人也會因此而走得更遠、更好！

2010 年 10 月 25 日

員工心聲

朋友的影響太重要了。

這些年發生的很多反腐案例，一些主角從最開始的「人生贏家」，逐步蛻化變質，最終走向犯罪的深淵，其中一個很大的原因是受所謂「朋友」的影響。當一個人風光滿面時，各式各樣的「朋友」開始多起來了，他們往往帶著不同的目的，有著不同的招數，讓人沉醉於他們精心編製的局中，如果這時候不保持清醒的頭腦，沒有分清真正的友誼，辨不清是非曲直，那就將會付出慘痛的代價。

我們所處的崗位特點要求我們必須更加注重對朋友的選擇，一定要切記，多交師友、淨友、遵友，讓真正的友誼幫助我們走得更遠。

之三十五

尊重他人，尊重自己

● 尊重他人，尊重自己；尊重自己，受人尊重。「尊重」，絕不是口頭上的甜言蜜語，而是融合在靈魂裡的一種意識，是流淌在血液裡的一種執著。

各位同事：

大家好！

最近，一個學友在討論客戶服務問題時談到，在工作中要把客戶人格化，尊重客戶，也是尊重自己。這讓我想起，德國哲學家亞瑟·叔本華強調要尊重每一個人，因為「活在每個人身上的是和你我相同的性靈」。

實際上，人與人之間本無高低貴賤之分，只不過都是社會分工的產物而已。我們每一個人都是富有尊嚴的獨立存在的個體，誰都想受到別人的尊重。人與人之間儘管存在著職業、生理、貧富、名譽等個

體差異，但不能因此而自卑或產生優越感。

尊重別人，才能讓人尊敬。與人交往中，以平等的心態，尊重他人，不僅能換來別人的好感與尊重，同時使雙方都受益。拋開是否為了獲取別人的尊重不說，尊重他人也是源於我們的永不自滿和不斷進取。不自以為是，能夠幫助我們看到自己的差距，可以使我們冷靜地傾聽他人的意見和批評，可以使我們謙虛尊重、謹慎從事，同時贏得友誼。

尊重他人，就在具體的生活工作中，就在我們的舉手投足之間。首先，在交往中應熱情、真誠。熱情的態度會使人產生受重視、受尊重的感覺。相反，對人冷若冰霜，會傷害別人。但過分熱情，則會使人感到虛偽，缺乏誠意，宜以適度的熱情與人交往。其次，應給人留面子。所謂面子，就是自尊心。每個人都有自尊心，失去自尊對一個人來說，是件非常痛苦的事。在大庭廣眾之下，不能為逞一時口舌之快，而使別人尷尬不已。再次，允許他人表達思想，表現自己。當別人和自己的意見不同時，不要把自己的意見強加給對方。當我們和跟自己性格不同的人交往時，也應尊重對方的人格和自由。最後，應時刻擁有一顆感恩的心。學會說「謝謝」，我們要正視自己的渺小，學會虛懷若谷、謙虛謹慎，並堅持下去，讓其成為我們人格魅力的一部分。

應當注意的是，誰自尊，誰就會得到尊重。心理學上講，一個人越消極被動，人們就越不容易尊重他。良好的自我意識、良好的自尊心和判斷力是獲得尊重的必要條件。我們不妨可以試試下面的方法：不要把自己放在最後，如果讓我們選擇時，說出我們的想法，不說

「我無所謂」；學會說「不」，對某件事如果不願意就不要同意，不必為拒絕編造理由，有權利簡單地說「不」；讓別人瞭解你的感受，不允許他人有不尊重人的言行，哪怕是以玩笑的方式，因為這並非要求特別照顧，而只是在維護自己應有的權利；正確對待批評，研究其合理成分，而不只是簡單地接受，不必有過激反應，因為別人批評你做的某件事，並不等於他不喜歡你做的所有的事或不喜歡你這個人；善待自己，不要怕失誤和錯誤，沒人會一貫正確、一貫成功的。

尊重他人，尊重自己；尊重自己，受人尊重。「尊重」，絕不是口頭上的甜言蜜語，而是融合在靈魂裡的一種意識，是流淌在血液裡的一種執著。

2010 年 11 月 29 日晚

員工心聲

敬人者，人恒敬之。

每一個人都有自己的人格，都有自己的尊嚴，也都希望受到別人的尊重，這是人的本性。在我們的日常服務工作中，有的同志還存在著本位主義意識，以自我為中心，首先從自身出發考慮問題，沒有考慮客戶的切身感受，對客戶的要求要麼置之不理，要麼應付了事，結果造成了客戶的不滿，而影響了團隊的形象。

對於這個問題，我認為要進一步提高我們的認識，必須首先尊重每一位客戶，我們的團隊才能得到廣大客戶的認同。

之三十六

事不避難，勇於擔當

● 事不避難，勇於擔當，是我們立身做事的基本條件，決定我們做事的成效。

各位同事：

　　大家好！

　　諾曼底登陸是二戰中的關鍵戰役之一。登陸前夕，盟軍司令艾森豪威爾曾寫了一份新聞稿，其中寫道：「空軍和海軍部隊表現出了英勇無畏和忠於職守的精神。如果這次登陸行動因為失敗而受到任何指責的話，那都由我一人承擔。」後來登陸成功，這份新聞稿沒有發表。但艾森豪威爾在這一重大歷史任務前表現出的徹底的、大無畏的擔當精神，極大地激發了部隊的戰鬥意志，也被人們稱頌不已。

　　我們在生活和工作中，也要扮演各種角色，面臨各種各樣的困難和壓力，承擔相應的責任和義務。事不避難，勇於擔當，是我們立身

做事的基本條件，決定我們做事的成效。我們團隊裡的每一名成員，一定要敢於決策、勇於擔當、善於負責。

「敢於決策」，就是敢作敢為。鄧小平同志講過：「世界上的事情都是干出來的，不干，半點馬克思主義都沒有。」這要求我們對自己負責的事要敢抓敢管，嚴抓嚴管，不推諉、不退縮，敢於到矛盾最多、困難最大、任務最重的地方做工作；絕不遇到難事層層往下推，碰到矛盾繞著走；避免議而不決，錯失良機。形勢逼人，慢了就會喪失機遇，慢了就會被動受困，慢了就要落後，唯有自我加壓，奮起直追，快決策、快出手、快行動、快見效，奮力跑起來前進、跳起來摸高。

「勇於擔當」，就是盡心竭力辦實事，只為盡職找方法，不為失誤找借口，從「穩」的思想、「守」的觀念、「怕」的心理中解放出來。在各種矛盾、風險、考驗和挑戰中，我們要堅決拋棄「只要不出事，寧可不干事」的觀念，在其位，謀其政，司其職，負其責；拋卻私心雜念，不畏難，不避險，做到守土有責，知責思為，不辱使命，不負重托。「河出潼關，因有太華抵抗而水力益增其奔猛；風回三峽，因有巫山為隔而風力益增其怒號。」我們應不被客觀困難和阻力嚇倒，堅定激流勇進、奮力爭先的意志和信心。

「善於負責」，就是有得力的措施和辦法。我們應既追求速度效率，又保證質量效益；既讓上級放心，又讓群眾滿意。實事都是具體的，因此我們的目標、要求、責任、措施都要具體。兩難問題多、棘手問題多的時候，我們更要開動腦筋，多想辦法，多用智慧，善於博弈，精於謀劃，努力在困境中尋找出路，在攻堅破難中加快發展。

時至 2010 年年末，我們的各項工作經過全體同事的共同努力，進入了衝刺攻堅決戰階段。行百里者半九十，當前的許多任務更加緊迫，許多困難更加集中，更加考驗每一名團隊成員關鍵時刻衝得上去、攻得下來、挺得過去的魄力和能力，更加需要我們這個團隊團結一致、奮勇拼搏。勝利，往往就在最後一刻的堅持之中。只有事不避難、勇於擔當，才能創造出無愧於歷史機遇的新業績，才能贏來「明年春色倍還人」。讓我們以此共勉，共同努力！

2010 年 12 月 14 日

員工心聲

我認為，擔當是一種品質，表現為勇於承擔責任、敢於拼搏進取的具體行動。古往今來，正是一批又一批仁人志士事不避難、勇於擔當，譜寫了人類社會發展史上波瀾壯闊的新篇章，成就了今天幸福美好的生活。

現在，我們面臨著團隊轉型發展的重要機遇期，每一個人都應該鼓足勇氣，切實擔負起自己的責任，為團隊的發展盡自己最大的努力，共同創造更加燦爛輝煌的未來。

之三十七

給力「We. com」，給力 2011

● 沒有目標，沒有規劃，就等於規劃失敗。同樣，目標過多，反而不易把握重點，使人失去方向，左右為難，平均用力。因此，校對好我們心中的一塊「手錶」，在明確的目標指引下，持之以恒，必將大有收穫。

各位同事：

　　大家好！

　　再過幾天，兔年新春就將來臨。辭舊迎新，我們盤點收穫，憧憬未來，大家都有一份心得與期望。而「We. com」這只我們作為「股東」（所有者）、員工（建設者）、參與者和受益者的「股票」，過去的績效評估令人欣喜，中長期基本走勢更值得期待，更值得我們共同努力。

　　從分時圖來看，2010 年，我們的整體業績以高位報收，超過預期

值，恢復重建項目進展順利，核心業務質量逐步提升，服務硬件條件進一步優化，和諧團隊建設取得新突破。現實表現好，未來走勢更好，「We.com」，成為名副其實的成長股、黃金股。

在「股指」不斷上揚的過程中，我們與團隊共同成長，分享「We.com」帶來的「股利分紅」，體驗崗位成才的自豪、同事合作的愉快、攻堅克難的拼搏和自我超越的激情。這必將激勵我們每個人繼續保持開拓進取、奮發有為的精神狀態，堅定目標，干在實處。

堅定目標，一在專注，二在堅持。只有一塊手錶，可以知道時間；擁有多塊手錶，並不能告訴我們更準確的時間，反而會讓我們失去對準確時間的信心。沒有目標，沒有規劃，就等於規劃失敗。同樣，目標過多，反而不易把握重點，使人失去方向，左右為難，平均用力。因此，校對好我們心中的一塊「手錶」，在明確的目標指引下，持之以恒，必將大有收穫。2011年，我們確立了新的奮鬥目標，包括大家和我在內每一個人都承擔了具體的職責任務。事不避難，我們必須勇於擔當，堅定目標，干到實處，履行好自身職責，確保工作團隊有一份讓各方面滿意的業績表現。

「聞道春還未相識，走傍寒梅訪消息。」我們「十二五」各項工作正全面鋪開，2011年工作已開局運行，新勢新情，催人奮進。我們落實創新，提速追趕，自我超越，戮力同心，開創新年好景象。

祝大家新春快樂、健康平安、闔家幸福！

2011年1月27日

員工心聲

　　這些日子，我的內心充滿了激動與喜悅。一方面是新春將至，這一年也將有一個圓滿的總結，對自己個人的工作成效還是比較滿意的；另一方面也是為團隊取得的發展進步感到高興，明顯地感覺到社會各界對我們的評價更高了，客戶對我們的工作更滿意了。

　　在新的一年中，相信我們一定能夠在團隊領導的帶領下，團結一心，奮力拼搏，再創新的業績。為2011加油！

之三十八

放低心境，獲得平衡

● 需求和慾望是為我們服務的，而不應是我們為需求和慾望服務。因此，我們要努力成為自己需求與慾望的主人，而不是成為其奴隸，不能本末倒置。

各位同事：

　　大家好！

　　3月8日上午，我的同事與我因公務驅車取道一段山區公路，行至山坡處，路遇一開闊地處農家房舍，靠邊停車稍事休息。農家有一位60來歲的農婦和一只小狗。農婦聞聲出來招呼我們到室內休息，我們也樂於她的好客，順便走進廚房參觀。我隨手揭開了面前的一個大缸，農婦哈哈大笑著說：「自家泡的酸菜，給你盛一碗帶上？」這一句話讓我始料不及，道謝聲中急忙蓋上了缸蓋。閒聊中我得知這是一位留守婦女，兒女均在外地打工，她獨自守家，照顧兩個小孫子。我

問她飲水有無困難，她說一年四季喝山中的清泉水；我問她生活幸福嗎，她說了三個字——「很幸福」！

　　回城的一路上，在對我們山區、老區這份純樸的民風難以忘懷之餘，我對這位婦女的生活狀態心生感慨。我敢肯定，她其實生活得並不富足，也不閒適，不但要照顧自己的生活，還有兩個年幼的孫子「拖累」，種不了地也餵不了豬，生活單調、儉樸又很繁雜，但她知足而平靜。這種心態貫穿她日常的生活，在她待人接物的厚道和樸實中也自然流露。

　　也許我們會說，那是因為她對生活的要求不高，所以容易滿足。但我們現在衣食無憂、工作穩定、事業平順，社會給我們的回報算得上較高了，卻還是有極少數人或對周遭抱怨較多，或處事浮躁、缺乏理性，或急功近利、見利忘義，更甚者還有遷怒於他人、組織及社會。看來一個人的滿足程度似乎與需求的層次並不成正比。相反，有時候滿足的過程更像爬山，當我們徵服了一個山頭，正在興奮之時，回頭卻發現有一個更高的山峰還在前方。一個人的慾望和需求，綿延不絕，並有經常被放大的危險。放低需求，或者是做觸手可及的事，追求合理、合適條件下的需求，似乎是求得平衡的明智之舉。像那位半山上的農婦，她把對未來生活的心理預期放得很低，因此她的心境很開闊，也很平靜。同時，我感到信任、誠信對我們每一個人都至關重要，特別是我們已從一個農業社會進入到工業社會、商業文明時代，信任與誠信是潤滑劑，可以消解隔閡，抵禦焦慮，不用設置「心牆」和「心理籬笆」，獲得安全和平衡，節約社會成本。

　　有研究表明，我們一個人的需要大致分為四個層次，即溫飽類需

要、健康與安全類需要、自尊與他尊類需要、自我發展與自我實現類需要等。在不同的社會發展階段，這些需求的迫切度和滿足力都會有不同的表現。我想，我們每個人，包括每一個組織都有需求，也正是因為有了需求，才有了創新前進的動力。同時，我們每個人、每一個組織都要把需求界定在一個理性、合理的「圓圈」內，不能任由其發展成為不可遏制的慾望，否則期望值越大，失望值越高，最後的結果可能是利令智昏，陷入深淵，身敗名裂。顯然，需求和慾望是為我們服務的，而不應是我們為需求和慾望服務。因此，我們要努力成為自己需求與慾望的主人，而不是成為其奴隸，不能本末倒置。

我們朝夕相處的這一個團隊，作為一個家庭、一所學校、一支軍隊，她的每一個細胞應該最具活力和最有潛質，我們每個家庭成員、學員和戰士的需求與願望應該更顯豐富、更具質量，以激勵我們不偏離目標方向，從而更好地高位求進、加快發展，求得用心、安全、快樂的生活、學習、工作的源泉。這是我們大家共同面對的課題，願我們共思共勉。

祝大家春安！

2011 年 3 月 23 日

員工心聲

讀這封信，勾起了我童年的記憶。信中的場景也正如我童年生活的小山村，那時候，條件雖然艱苦，但有父母的陪伴，有鄉鄰間誠摯

的關愛，我快樂地成長著。慢慢地，我開始上學，然後考上大學走出了山裡，參加了工作，開始生活在現在的城市中。按理說，生活條件比當初的小山村好了數倍，根本就是兩個不同的世界，但是卻找不回當初的快樂。

這些年，慾望和需求催促我不斷加快步伐，去攀登一座又一座山峰，但總也攀不完。於是，內心開始焦慮，快樂也隨之而去。看來，我是將需求和慾望當成了自己奮鬥的目標，而沉溺於其中無法自拔。

該醒醒了，做需求與慾望的主人，放低心境，獲得平衡，找回曾經的快樂。

之三十九

踐行低碳，舉手之勞

● 面對走過的「碳跡斑斑」的歷程，我們應該攜起手來，積極行動，從每一天、每一件事、更多的細節認真做起，積極參與低碳發展，共同創造更加節約、更加環保、更加文明、更加美好的低碳生活。

各位同事：

大家好！

今年「兩會」期間，一名全國政協委員為倡導低碳而全家改名，自己叫X低碳，家屬叫X綠色，兩個兒子分別叫X環保和X環境。這種低碳的意識著實令人贊嘆，讓人敬佩。我想，我們團隊每一名成員，作為現代人，更應從自身做起，積極踐行節能、環保、健康、文明的低碳工作和生活方式。

低碳，譯自英語「Low Carbon」，是指想盡一切辦法在原來的基

礎上盡量減少溫室氣體（二氧化碳為主）的排放。低碳工作、低碳生活，就是要盡量減少在工作和生活中耗用的能量，從而減少二氧化碳等溫室氣體的排放。

我們是碳排放的製造者，同樣也是減少碳排放的希望所在。面對走過的「碳跡斑斑」的歷程，我們應該攜起手來，積極行動，從每一天、每一件事、更多的細節認真做起，積極參與低碳發展，共同創造更加節約、更加環保、更加文明、更加美好的低碳生活。

節約用水：洗臉的水用後可以洗腳；養魚的水可以用來澆花；淘米的水、煮過麵條的水可以用來洗碗筷；洗完衣服的水可以用來拖地板或衝馬桶，做到一水多用。

堅持自然跑步：用在附近公園慢跑代替在跑步機上的45分鐘鍛煉，這樣可以節省近1千克的溫室氣體排放量。

種一棵樹：一棵樹生長40年，平均每年可吸收465千克二氧化碳。如果嫌種樹太麻煩的話，可以捐錢給環保組織，讓他們代勞。

低碳出行：騎自行車或坐公交車上下班，不開車或少開車。每月少開一天車，每車每年可減排二氧化碳98千克。

開短會：多開視頻會議，少開集中會議，避免較遠單位人員開車所排放的溫室氣體。開會要長話短說，提高辦事效率，節省照明、空調和擴音器的用電。

推行無紙化辦公：多用電子郵件等即時通信工具傳送文件，減少紙質文件的使用。據計算，少用100張紙就能減排二氧化碳15千克。

合理使用空調：冬天將室溫調低兩度，夏天將室溫調高兩度，一部空調一年能降低二氧化碳排放量907.2千克。

合理使用電腦：午休或開會時間，及時關掉電腦或顯示器。如果一臺電腦每天只開 8 小時，相比全天開機，每天能減少 42% 的二氧化碳排放量。

減少電梯使用：週末或下班時間，少開一部電梯，每週能節省用電 200 度以上，減少碳排放量 198 千克以上。

推行信息化管理方式，讓客戶少跑路或不跑路，減少來回交通所排放的溫室氣體……

「泰山不拒細壤，故能成其高；江海不擇細流，故能就其深。」從我做起，從每一個小時做起，從每一件小事做起，踐行低碳，我們團隊很快就能成為一個「低碳家庭」、一所「綠色學校」、一支「環保大軍」，就能為建設資源節約型、環境友好型社會貢獻自己的力量。

2011 年 4 月 19 日

員工心聲

踐行低碳，我們還需要提高共識。今天，我們的國內生產總值高速增長，但背後卻付出了環境破壞的慘痛代價。所幸的是，越來越多的人認識到這個問題，並採取積極有效的彌補措施，力求讓我們的環境得到恢復，為子孫後代留下寶貴的自然環境財富。在這個過程中，我們每一個人都要摒棄那種「事不關己，高高掛起」的思想，從我做起，從身邊小事做起，為建設資源節約型、環境友好型社會貢獻自己的力量。

之四十

心在，愛在，一切在

● 我們用心面對工作、用愛培養情感、用情傾註關懷，在我們不懈奮鬥的這片熱土上揮灑汗水和熱血，寫就了團隊發展史上燦爛、輝煌的新篇章，累積了許多彌足珍貴的經驗教訓和難以窮盡的精神財富，在我們未來的事業旅程中，值得汲取和弘揚。

各位同事：

時值2008年「5/12」汶川大地震三週年之際，許多同事和我想起了許多難以忘懷的歷史瞬間。可以說，我們團隊每名成員手挽手、肩並肩，砥礪奮進，共克時艱，用心、用愛譜寫了一組從悲壯走向豪邁的震後三部曲：一曲面對災難的悲壯之歌、一曲英勇救災的大愛之歌、一曲重建重生的豪邁之歌。

三年裡，我們的事業取得了歷史性的突破與跨越，從原地起立到

跳起摸高,再到追趕跨越,實現了「華麗轉身」。比如,物質家園大跨越;又比如,精神家園大跨越;再比如,核心業務大跨越。

心在,愛在,一切在。震後三年,我們用心面對工作、用愛培養情感、用情傾註關懷,在我們不懈奮鬥的這片熱土上揮灑汗水和熱血,寫就了團隊發展史上燦爛、輝煌的新篇章,累積了許多彌足珍貴的經驗教訓和難以窮盡的精神財富,在我們未來的事業旅程中,值得汲取和弘揚。摘其要者,至少有如下基本共識:第一,必須堅持把工作當作一個戰場,考驗我們的戰鬥力,鍛煉我們的品質,磨礪我們的意志;把工作當作一所學校,在學中干,在干中學,不斷提高工作能力;把工作當作一個舞臺,我們不僅僅是觀眾,也是導演,更是演員,要不斷追求工作的完美與卓越,把每一出「戲」都演得精彩。第二,必須堅持積極的工作目標規劃。重建工作是一項複雜的系統工程,我們必須高標準規劃,沒有規劃就等於規劃失敗,就會陷入低效率、低水準的重複勞動,而高起點目標設計就等於實現了目標的一部分。第三,必須堅持以人為本,民生為先。「一切依靠人,一切為了人,一切發展人。」我們必須始終堅持責任高於一切,群眾的利益高於一切。第四,必須自強不息。態度決定成敗,態度決定一切。面對困難和壓力,我們應不怨天、不尤人、不埋怨、不抱怨,要勇於擔當,「不為失敗找借口,只為成事想辦法」。西方諺語說:「自助者天助。」的確,世界上從來就沒有什麼救世主,正如我們喊出的「出自己的力,流自己的汗,自己的事情自己干」「有手有腳有條命,天大的困難能戰勝」。作為一個人、一個組織,要有意志力、品質力。第五,必須尊重科學,崇尚理性。科學規劃、科學重建、科學發展。我

們必須在工作中摸索規律，在實踐中檢驗規律，在發展中運用規律。第六，必須發揮行業優勢。我們內要依靠上級組織的關懷和團隊全體成員的支持，外要依靠社會各界的關心與幫助。第七，必須優化服務。面對錯綜複雜的現實利益問題，我們要牢固樹立服務意識，用優質的服務提升客戶的滿意度。第八，理想要與現實進行對接。飯要一口一口吃，路要一步一步走。我們要把雙腳踏在一塊稱為「現實」的石頭上，不尚空談，不坐而論道。我們必須實事求是，真抓實幹，干出水準，干出成績。第九，必須統籌兼顧，突出重點。物質家園、精神家園、核心業務要一齊推進，要做到內外兼顧、上下齊心、左右配合。「好鋼要用在刀刃上。」我們要抓全局之重，抓階段之要，抓職能之事。第十，必須安全工作。我們要時時抓安全、事事抓安全、處處抓安全，要為我們團隊這輛高速運行的「動車」系上「安全帶」，為這臺運行流暢的「計算機」裝上「防火牆」。第十一，必須強力推動執行。我們要既戒驕又戒躁，堅持求是、務實、落實的工作作風，崇尚實幹、苦干、巧干。人才是苦干出來的，美景是一筆一筆勾畫出來的。第十二，必須強化機遇意識。機遇是一種資源、一種財富，機遇不僅可遇更可求。我們必須認識機遇、創造機遇、把握機遇，不失時機地順勢而為、順勢而進。機遇只留給有準備的組織，機遇只留給有準備的人。

各位同事，經過災後三年的歷練，我們致力於將團隊建成一個家庭、一所學校、一支軍隊。這個家庭裡人人都是主人翁，人人都是責任人，大家相互包容、相互尊重，彼此關愛；這所學校中人人都是老師，人人都是學生，時時、處處、事事皆學問，這所學校是實現自我

價值的舞臺，更是成長成才的舞臺；這支軍隊政治堅定，紀律嚴明，作風頑強，敢打硬仗，善打硬仗，招之能來，來之能戰，戰之能勝，戰無不勝。我想，面對「十二五」開局之年的良好開端，面對後重建時期工作「頻道」的轉換，我們要立足今天、做好準備、迎接明天、創造未來，這需要我們知恩、知責、知足、知進。

所謂知恩，要知社會之恩，知黨之恩，知政府之恩，知組織之恩，知戰友之恩，知親人之恩。所謂知責，因為歷史選擇了我們，我們就必須勇於擔當，敢挑擔子、善挑擔子、決不服輸、決不後退，必須用心想事、用心謀事、用心干事、用心成事。所謂知足，知足者常樂，知足者長壽。人格化的組織同我們每個人一樣，既有優點也有缺點。對此，我們應學會欣賞，學會包容，著力推進建設性民主。所謂知進，「逆水行舟，不進則退」，面對新形勢、新問題、新任務，我們要齊心協力，同舟共濟，駕乘和諧團隊之舟奔向新的幸福之港。

血在，生命就要向前流動！

心在，愛在，一切在！

祝各位同事夏安！

2011 年 5 月 7 日

員工心聲

「心在，愛在，一切在」，是三年來我們這個團隊每一名成員的切身感受。

面對地震災害，我們沒有被嚇倒，而是心往一處想、勁往一處使，全身心投入家園重建。我們始終保持對事業的愛、對團隊的愛、對同事的愛、對家人的愛，度過了一個又一個難關，取得了一個又一個重大勝利。

因為心在，愛在，所以我們一定會駕乘和諧團隊之舟奔向新的幸福之港。

之四十一

問題，是一座富礦

● 在工作和生活中，樹立正確的問題觀，戒傲、戒怨、戒躁、力行，通過認識、精選和打磨「問題礦石」，我們可以收穫更多的「礦產品」，從而創造更高的價值、取得更多的收穫。

各位同事：

大家好！

最近，我到部分單位調研，重點徵求了同事們對當前工作的看法和認識。大家實話實說，中肯地反應了存在的問題，並提出了許多很好的意見和建議。對此，我感到很欣慰。我想，我們的事業發展、業務工作和團隊建設等問題，都離不開全員的關注和參與。今天，我也想就「問題」本身與大家做一下交流。

問題作為矛盾的一種表現形式，它像矛盾一樣，無處不在、無時

不有。我們研究工作也是在研究問題，我們開展工作的全過程也就是認識問題、分析問題和解決問題的過程。因此，樹立正確的問題觀，對我們自己和我們共同的事業都至關重要。

我感到，樹立正確的問題觀，重要的是應做到戒傲、戒怨、戒躁、力行。

所謂戒傲，就是面對問題要放棄傲慢的態度，把問題當問題，敢於正視問題、面對問題。遇到問題，選擇迴避，視而不見，實在迴避不了就盡力掩蓋，長此以往，迴避了問題卻遲早要付出更大的代價去解決問題，而掩蓋問題無異於養虎於籠，也會反受其害。

從一定程度上講，問題為我們指明了努力的方向，問題是潛在的成績，問題是事業成長的載體，而看不到問題是最大的問題。我們應以積極的態度，勇於發現問題、認識問題、正視問題。

所謂戒怨，就是身處團隊，我們每個人都有可能是問題的成因之一，都有義務和責任去發現問題、反應問題和解決問題。把問題的成因統統歸咎於其他，怨天尤人，把解決問題的全部希望寄託於他人、組織身上，或期望解決全部問題，這也不盡科學。

所謂戒躁，就是分析問題、解決問題要戒浮躁、戒狂躁、戒冒進。問題的產生不是孤立的，也不是偶然的。對於問題的產生和發展，我們應以辯證的眼光去看，既從客觀上找原因，更從主觀上找不足；既尋找外部原因，更從內部找根源；既從個體行為找原因，更從體制機制上找不足。只求速度和數量，不注重仔細分析和研究，就可能解決不好問題，也解決不了問題，甚至還會出新問題。因此，只有在分析問題上多下功夫，把問題分析到位、研究徹底，才有可能真正把問題解決好。

所謂力行，就是對症下藥，解決好問題。問題被發現了，原因清楚了，誰來解決、以什麼方式解決、解決到什麼程度、如何評價和考核，這些都應仔細考量斟酌，然後再制定相應的辦法和措施，有針對性地予以解決。

對於現實的問題，應在充分理解的基礎上分類處理。對於權限範圍和法律政策規定之內的問題，我們應及時解決；對於條件尚不成熟的問題，我們應積極創造條件加以解決；對於受制於宏觀或微觀資源條件不能解決的問題，我們應做好宣傳解釋和引導工作，爭取支持理解。

其實，工作和生活本身就是一座「問題富礦」。在工作和生活中，樹立正確的問題觀，戒傲、戒怨、戒躁、力行，通過認識、精選和打磨「問題礦石」，我們可以收穫更多的「礦產品」，從而創造更高的價值、取得更多的收穫。

2011 年 6 月 30 日

員工心聲

不想問題太多，習慣於迴避問題，結果卻使問題越來越麻煩。蔡桓公諱疾忌醫的典故已經非常有力地指出了這樣一個道理。

無論工作還是生活中，問題或多或少都會存在，如何對待這些問題，將會直接影響到我們的工作和生活。將問題看成麻煩，將會遇到更多的麻煩；將問題看成「富礦」，將會得到更多「寶藏」。

因此，我們要勇敢地面對問題，認真地查找工作和生活中存在的問題，深入地分析問題產生的原因，採取有效措施努力解決好問題。

之四十二

創新，突破慣性思維的困境

● 創新要講究方式方法。「人無我有」「人有我優」「人優我精」都是創新。

各位同事：

　　大家好！

　　對於工作和生活中的創新，有人「頂起」，有人「拍磚」，還有人「笑而不語」。這裡，我也想就這個話題與大家交流一點認識和看法。

　　曾經有人做過這樣一個實驗：把六只蜜蜂和同樣多只蒼蠅裝進一個玻璃瓶子，然後將瓶子放平，讓瓶底朝著窗戶。面對瓶子的束縛，蜜蜂一個勁兒朝瓶底衝，直至勞累過度而死；蒼蠅卻在不到兩分鐘之內，就穿過另一端的瓶口逃逸一空。

　　事實上，「聰明」的蜜蜂以為，囚室的出口必然在光線最明亮的

地方，它們執著地重複著看似合乎邏輯的行動，卻沒想到遇到了玻璃這種不可穿透的容器，它們智力越高，這種奇怪的障礙就顯得越是不可理解；而「愚蠢」的蒼蠅則對事物的邏輯毫不留意，全然不顧亮光的吸引，四下亂飛，結果誤打誤撞碰上了好運氣，找到了真正的出口，並因此獲得了自由和新生。

長期處於固定的環境，站在同一立場，以同樣的方式多次重複某一活動或反覆思考同類問題時，我們的頭腦中就會形成一種固定的思維習慣，這就是故事中致蜜蜂死亡的「毒藥」——「思維定式」，或者叫「慣性思維」。

這種「慣性思維」給我們製造了一種假象，那就是所有問題都可以「一二三四五」地解決，所有事情就那麼回事，一切照舊就萬事大吉，如果誰要試圖改變那便是「沒事找事」，如果還要進一步創新那簡直就是「瞎折騰」。

事實上，我們正處於一個高速發展的時代，就我們所從事的工作講，發展環境在變、服務對象在變、信息傳遞手段也在變，如果我們一切照舊，「以不變應萬變」，反覆用老辦法解決新問題，那麼我們就可能與故事中的蜜蜂一樣，碰得頭破血流卻仍然找不到出路。在新一輪的發展浪潮中，我們就可能「拖後腿」，就會「落後」，還會「挨打」！

創新意味著改變，意味著付出。在「慣性思維」的影響下，沒有外力是不可能改變的，而這個外力就是創新者的付出，而創新者的付出卻有可能收穫一份失敗的回報。因此，創新需要有自信，相信自己、相信團隊能夠改變；創新需要有激情，要為了實現目標而不懈奮鬥；創新需要勇於擔當，既要經得起鮮花和讚美的簇擁，又要敢於承擔失敗帶來的風險和後果。

創新要講究方式方法。「人無我有」「人有我優」「人優我精」都是創新。「人無我有」就是要拿出新東西、製造「新產品」，比如自主開發一個叫做「We」的軟件，這類創新具有原創性，最為珍貴，擁有「產品專利權」；「人有我優」就是要比別人做得更好、更成功，比如對「We 1.0」軟件進行優化，將其變成「We 2.0」，使其設計更精美、功能更強大；「人優我精」就是比別人做得更專業、更有特色，比如不僅將軟件升級到「We 2.0」，還開展軟件培訓、軟件維護等相關業務，並把相關產業做到了極致。

　　我們正處在一個變革創新不斷加速的時代，可以說新科學、新技術改變著我們的生活，而服務創新轉型改變著我們的工作。面對新起點、新環境，讓我們一起用創意思維、創新行動和創造手段，不斷突破「慣性思維」的困境，創新工作，創造幸福生活。

2011 年 7 月 24 日

員工心聲

　　蜜蜂在玻璃瓶子中只朝著有光亮的地方飛，顯然無法衝破玻璃瓶，終至過勞而亡。初看這個實驗，還感覺蜜蜂可笑，但細細一想，自己有時候不也是那些蜜蜂嗎？遇到問題，首先是一種慣性思維，根據以前的經驗來做判斷，沿著以前的思考模式來進行分析，缺乏創新。我們沒有認識到，時間在變、環境在變，原來有的東西也需要做出一定的改變。

　　「當局者迷，旁觀者清」，看到別人陷於慣性思維無法突破時，我們自己也應該認真進行反思。

之四十三

能力，為我們帶來尊嚴

● 能力發生退化、弱化的原因可能是多方面的，但能力的提升與發展一定離不開不斷學習。在這個科學技術日新月異、知識更新不斷加快的時代，知識折舊，能力也折舊。

各位同事：

　　大家好！

　　前幾天，在一本雜志上，我看到了《蘇秦刺股》的故事。

　　故事說：當初，蘇秦四處遊說卻得不到任用，潦倒之際回到家鄉，妻子依然織布不理睬他，嫂子不給他做飯，父母也不與他說話，周圍的人都看不起他。發現自己能力不足後，蘇秦堅持每天讀書學習，直到深夜。如果讀書時想睡覺，他就用鐵錐扎自己的大腿，有時候扎出的血一直流到了腳跟。十年之後，蘇秦遊說諸侯，獻合縱之策，掛六國相印而歸，妻子服服帖帖地聽他吩咐，嫂子跪著求他原

諒，父母打掃房間、擺上宴席、在三十里外迎接他。這時候，誰還會看不起他？

8月5日，在全體員工會議上，我們也提出明確的要求，大家一定要努力做一名工作得有尊嚴的人。儘管我們不是所謂的英雄豪傑，但如果沒有能力，的確也會沒有尊嚴。作為一名現代人，如果連常用的軟件都不會用、一般的公文都不會寫、普通的財會報表都看不懂、與人溝通也不順暢，客戶當面不吭氣，背後卻會罵我們，同事們也會看不起我們，甚至連朋友和家人也會「拿下眼皮看人」。這樣的話，還談何尊嚴？

要工作得有尊嚴，首先要有基本的業務素質和工作能力。但能力也並非一成不變的，能力會發生退化、弱化，能力也是可以習得的。二三十年前我們會用算盤，當時是一種能力，現在就只是一種回憶。十年前可能連漢字都不會打的你，現在卻能輕鬆地玩轉電腦。今天的你，可能連最簡單的業務風險都識別不了，但過幾年，也許你就是風險管理方面的頂尖人才。

能力發生退化、弱化的原因可能是多方面的，但能力的提升與發展一定離不開不斷學習。在這個科學技術日新月異、知識更新不斷加快的時代，知識折舊，能力也折舊。誰能又快又有效率地學習，誰就能贏得主動、贏得發展、贏得未來。這就要求我們必須重視學習、善於學習、終身學習，通過學習不斷提高自身的能力。

能力的提升絕非一勞永逸之事，而是一場需要持之以恒的馬拉松比賽。所謂「活到老、學到老」，說的就是這個道理。

作為組織，我們要努力爭取更多的教育資源、營造良好的學習氛

圍、搭建能力展示的舞臺、建立健全學習長效機制，讓大家願學習、能學習、會學習，在學習中進步，在進步中成長，在成長之路上繼續學習。這關鍵還在我們自己，必須認識到自身能力的「短板」，取長補短，用進廢退，自願、自主、自覺地學習、思考，主動接受鍛煉與磨煉，敢賽、敢比、敢爭，在賽中學、在比中趕、在爭中超，我們才能真正做到學有所成、學有所用、學以致用。

在我們團隊這所大學校裡，人人都是老師，人人又都是學生。我們歡迎更多的苦練本領的「蘇秦」，更少的濫竽充數的「南郭先生」，在工作和生活中秀出真自我、亮出真本事，讓生活變得更加幸福，工作變得更有尊嚴！

2011年8月21日

員工心聲

這是一個好時代，因為處處皆有展現個人能力的舞臺。有能力，是我們在這個社會上立足的基本條件。能力強，將會贏得更多人的青睞，將會贏得更多的發展機遇。

不要怨天尤人，因為命運常常會垂青有準備的人，那種盼望著天上掉餡餅的幻想只會讓自己錯失良機。因此，時刻牢記，不斷地提升自己的能力，讓自己變得更加優秀，做一個受人尊重的人。

之四十四

自信自助，讓我們創造奇跡

● 缺乏自信不是「病」，「病」起來要人命！的確，只有自信，士兵在戰場上才能衝鋒陷陣，勇於勝利；只有自信，適時肯定自己，一個人才能取得成功。沒有自信，也難以取得他信。

各位同事：

大家好！

近來，通過與部分員工交心談心，我感到我們工作團隊的責任感和使命感很強，大家的精神狀態很好，工作積極性也很高，隊伍凝聚力、戰鬥力進一步增強。同時，少數職工也反應了工作、生活和學習中「忙、盲、茫」的問題，尤其是個別同志缺乏自信，對未來感到迷惘，遇到問題不知所措，在工作中激情匱乏，等等。

我想，缺乏自信不是「病」，「病」起來要人命！的確，只有自

信，士兵在戰場上才能衝鋒陷陣，勇於勝利；只有自信，適時肯定自己，一個人才能取得成功。沒有自信，也難以取得他信。

實際上，沒有人天生自信滿滿，也沒有人生來就缺乏自信。個別同志缺乏自信，可能有以下幾個方面的原因：或判斷偏差，總認為自己對時事和大勢把握不準，對自己定位不明，在一些問題和困難面前左顧右盼、畏首畏尾；或能力缺失，信息化時代裡，能力在不斷貶值，與組織和群眾的需求相比，我們所擁有的能力日漸縮水，甚至捉襟見肘；或毅力衰退，「快餐時代」中，個別同志有些急功近利，在一定程度上存在著短視和弱視的現象。

我們宜多聽、多看、多做、多想，避免判斷不準、定位不明，在清楚狀況、把握形勢的前提下再做判斷。能力不足，我們就應勤於學習、善於思考、精於實踐，在學習和實踐中提升自己的能力，增強自身的水準。毅力不夠，我們就應發揮堅持就是勝利的精神。

古人說：「人必自助而後人助之，而後天助之。」西方諺語也說：「自助者天助。」在問題和困難面前，一個人必須相信自己，自己處理好自己的事情，別人才能夠幫上忙，也才會得到機遇的眷顧。

自信自助，我們就能創造奇跡。近年來，我們團隊每一名成員手挽手、肩並肩、心連心，眾人合力開大船，渡過了許多難關和通過了許多考驗，這正是自信自助創造出的偉大奇跡。

信心比黃金更重要，黃金有價而信心無價。信心是我們所擁有的，是別人搶不走的，是不會貶值的，是最重要的一筆財富。我們應好好珍惜這筆財富，利用好這筆財富，讓這筆財富不斷保值、增值。

國慶將至，祝大家節日快樂安康！

2011 年 9 月 28 日

員工心聲

　　我小時候愛唱歌，但就是不自信，害怕在別人面前唱。記得小學四年級，老師要求大家舉手報名參加歌咏比賽時，同桌一個惡作劇，把我的手高高抬起，老師就讓我站起來給大家試唱一下，我一開始很緊張，但又沒有辦法，只得硬著頭皮唱下去，我的歌聲打動了老師和同學，後來一直擔任班上的文娛委員。

　　這件事給了我很大的鼓勵，也讓我在今後的學習、工作中有了很大的自信，之後總是好運連連，自信讓我的生活充滿陽光。

之四十五

寫好人生這本書

● 人生，是一本書。父母為我們寫下了序言，結語卻留給了我們自己；目錄寥寥幾筆，正文卻半點不能馬虎；書中有喜怒哀樂，也有酸甜苦辣鹹，還有個體生命的點點滴滴，但功過是非卻都要留給歷史、留給後人來評價。

各位同事：

　　大家好！

　　十月，秋高氣爽，月桂飄香，谷米滿倉。在這個收穫的季節，我的一位老師、戰友，也是我們的同事——H同志收到了一份特殊的禮物——退休生活。在今天的歡送會上，難分難捨之情自不言表，但想到下一站的風景同樣美麗，又為他感到高興，並為他祝福。

　　歲月如歌。求學之旅、戎馬生涯、工作年華，他將自己的所見所聞、所思所想用樸實的文字記錄了下來，並加以昇華，形成了一本小

冊子《我的家，我的路》。書中序言寫道：「生活是一本厚厚的書，這本書只有永恆的內容，沒有永恆的格式，我們要用一生的時間來細細品讀。」在認真閱讀後，我也想就「人生」這個話題，和大家交流一些想法和認識。

我也認為，生活是一本書，人生是一本書。

人生，是一本書。父母為我們寫下了序言，結語卻留給了我們自己；目錄寥寥幾筆，正文卻半點不能馬虎；書中有喜怒哀樂，也有酸甜苦辣鹹，還有個體生命的點點滴滴，但功過是非卻都要留給歷史、留給後人來評價。

每本書裡都會有故事，每個故事都會有開端、發展、高潮和結局，人生這本書也一樣。金色的童年、青澀的少年、火紅的青年、翠綠的壯年和灰白的暮年，構成了一個個曲折而又多彩的故事。故事裡有愛有恨，有生有死，有你有我，有生如夏花之絢爛精彩，也有死如秋葉之靜美安詳。

人生，是一本書。從這個意義上講，我們每個人都是作家。我們用人生藍圖擬就寫作提綱，用生命歷程寫就壯麗篇章，在自己的人生旅途中，我們用心感受生活，用愛澆灌事業，才成就了一部又一部屬於自己的「作品」。

現實中的書，除作者原創之外，還有編輯潤色、校對勘誤，不足之處還可優化，錯漏之處還能修改。人生這本書不可能有所謂的完美主義，很難做到盡善盡美。但現實的人生中，人卻如過河的卒子，走過了就不能回頭。行成於思，我想，只要我們三思而後行、三思而後「寫」，都可能成就既屬於自己，又惠及他人的「名著」。

人生，是一本書。人生際遇各不相同，生命之書最終都要合上，我們無法預知它的長度，但卻可以增加它的寬度，在有限的時間裡做出更多的貢獻，實現更大的價值；我們無法決定它的高度，但卻可以增加它的深度，干一行、愛一行、鑽一行、精一行，在自己的「作品」中展現更多精彩；我們無法決定它的厚度，但卻可以改變自己的角度，改變角度之時，或許正是柳暗花明之處。

我們每一個人每時每刻都在寫著人生這本書。我想，我們應當像H同志所希望的那樣，不忘歷史和根本、愛國守法、明禮誠信、團結友善、勤儉自強、光明磊落，也在自己歷臨的「雪泥」上，留些「指爪」的痕跡，堅持不懈地寫好屬於自己的這本「名著」。

附件：H同志《退休感言》

2011年10月17日

退休感言

尊敬的各位領導、同事與朋友們：

大家好！

在人類世界的舞臺上，本人即將走過60個年頭，按照規定，將離開我深深相愛的工作崗位和親愛的同志戰友。此時此刻，我心情格外激動，衷心地感謝領導、同事與朋友們！

工作近43年，雖無特殊建樹，但盡職盡責也無嚴重的過失；雖

無驚天地泣鬼神的壯舉，但具有不忘本、勤奮鬥的勇氣。捫心自問，自己對組織是忠誠的，對事業是盡職的，對家庭是負責的，做事是合格的，做人是成功的。

回想過去，為了共同的事業，我有幸與我們的諸多領導、同事走到了一起，這是人生的緣分，也是我的福分。已經過去的歲月，一幕幕、一件件往事，仿佛就在昨天，有前輩、新老領導對我的支持和關愛；有同齡人對我的關心和幫助；有年輕同志對我的尊重和促進！一想起這些，我從心底感到特別溫暖和榮幸。

我能夠走到今天：

得益於組織的培養教育。這40多年中，我們所在的團隊就像親愛的母親一樣，一直給予我諄諄的教誨和莫大的培養。是她，讓我知道了怎樣立身做人；是她，讓我懂得了為誰服務；是她，讓我明白了在崗幹什麼、身後留什麼，從而為我的人生指明了方向。對於組織的培養教育之恩，我一輩子也不會忘記。

得益於趕上了好時代。這幾十年來，尤其是改革開放後，隨著共和國的發展壯大，我也一步一步地不斷成長。這個嶄新的時代，既為國家發展強大創造了前所未有的歷史機遇，也為每一個中華兒女提供了建功立業、大顯身手的廣闊舞臺。我為趕上了這麼一個好時代而自豪。

得益於同志們的幫助。在工作生涯中，我得到了無數戰友同志的真切幫助和大力支持。一茬又一茬的領導和戰友都給予了我極大的關心、幫助和支持。沒有同志們的幫助和支持，我將一事無成。

得益於不懈努力奮鬥。歷盡天華成此景，人間萬事出艱辛。一個

人的成長進步到底靠什麼？我的體會是：既不靠關係，也不靠運氣，而是靠真抓實幹，靠開拓創新。靠本事立身做人，靠實績贏得進步。

人生通過消費年齡、奉獻年齡，再到消費年齡的循環，完成了人生的使命。我是一名幸運的人，抱著感恩的心退出工作舞臺，抱著感恩的心存在於人生舞臺，抱著感恩的心終將有一天退出歷史舞臺。我會記住人生美好的工作時光。

感謝這麼多年來給予了我支持、理解、寬容、厚愛的領導、同事和朋友們！

祝願大家以「我與團隊同成長」為主題，努力把我們這個團隊建設成為一所學校、一個家庭、一支軍隊，努力爭創新的業績！

再見！謝謝大家！

戰友：H

2011 年 9 月

員工心聲

這正是心與心的交流，觸景生情，感人至深，發人深省。人生數十載，每一個人的人生都是一本書，這個比喻恰到好處。只是這本書的錯漏之處無法修改。因此，在寫好這本書的時候，需要我們三思而後行、三思而後「寫」，這也是對人生這本書的基本寫作要求。

但願我們的人生之書成為既能屬於自己，又能惠及他人的「經典名著」。

之四十六

竹式生存，建設一支包容性團隊

● 四川的竹子至少有這樣幾個特點：共生群生……空明虛心……本分守篤……適時適度低頭……竹式生存的態度也是人生的一種境界，是一門科學，更是一門藝術。

各位同事：

　　大家好！

　　11月2日，在行風暨效能建設懇談會上，參會同志結合自己的日常調研情況，在肯定我們工作團隊的同時，也對我們的團隊建設和當前工作提出了很多建設性的意見與建議，當然也對我們的個別工作提出了嚴肅的批評。會上，我代表團隊領導班子表達了幾層意思：一是表示感謝，虛心接受各方面的意見和建議。二是對反應的問題進行分類處理。對於一般性問題，凡是公共價值、財力能力、法律政策支撐的，能改進的一定改進；對條件尚不成熟但力所能及的問題，創造條

件改進；對相關條件的確不支持的問題，予以宣傳解釋，並請大家理解、諒解。三是請求代表們多監督、多關心、多支持我們的工作，如在工作和生活中遇到與我們相關的問題，也多做一些宣傳、解釋和協調工作。對此，參會同志表示理解和認同。

我想，我們是為客戶而存在的，客戶和社會的訴求是我們努力的方向。客戶和社會有訴求，說明我們的工作還大有潛力可挖。在每年的交心談心會上及在近年的主題活動中，團隊領導班子和我都收到了很多具有真知灼見的意見、建議和批評，這也表明我們這支團隊很有希望。同志們的許多建設性意見都納入了團隊領導班子的決策，促進了團隊建設和各項工作任務的完成，真正實現了「我與團隊同成長」。

我想，組織是由具體的、生動的人組成的，在一定意義上講，把組織人格化，一個組織就是一個人。因為我們都是凡人，不是所謂的「妖魔鬼怪」，也不是所謂的「神仙大人」，我們都會有這樣那樣的缺點、不足、短板、失誤。當然，對於這些負面的元素，我們不能迴避而要正視，並力所能及地予以克服，這樣才能讓我們工作團隊更加完善、更加完美。實際上，正如上周我在向上級匯報工作時所感言的那樣，是我們每一個團隊成員強烈的責任心、認同感、歸屬感、事業感和卓越的創造力，以其大氣大度，以其大海般的胸懷，共同鑄就了我們這樣一支優秀的團隊！

這裡，我也想起了 2009 年個別同志因擔心總部組織架構重組，而對調整工作地點表現出的一定程度的抵觸心理和因心理割捨不下而掉眼淚的事情。儘管後來因故未能調整，但對於這種責任感、這樣的主人翁精神，我深受感動，深感自豪，也在此深表敬意，深表謝意，

同時更將永遠銘記在心，以此激勵自己更好地為團隊服務。

這裡，我還想起了竹子生存生長特有的「風骨」。我不能從生物學、植物學的角度進行分析，但我想，我們四川的竹子至少有這樣幾個特點：一是共生群生，我們往往看到的是竹林而不是孤零零的一棵竹子；二是空明虛心，所有竹子的中間都是空的，都有接納能力；三是本分守篤，一節一節地生長，生長一段就扎一個箍，再生長一段就再扎一個箍，這說明竹子也會總結，也會反思；四是適時適度低頭，為了抵禦風寒，學會「勾勾頭」。其實，我們工作團隊的成員也一樣，也應學會團結、容納、總結和反思，有時也不宜過於理想化，應作些必要的妥協，應學會與現實對接，這樣才能不斷地成長和發展。

工作就是一面鏡子。在工作團隊中，我們眼中的別人其實就是鏡子裡的自己。當我們在看到別人優缺點的同時，也看清了自己，應學人之長補己之短。人生也是一樣，如果自己感到活得不自在，主要不是環境出了問題，而是我們自己的思維、自己的行為方式存在著某些不足。大海之所以廣闊無垠，是因為海納百川，因為她把自己的姿態放得很低，她可以用開放、包容的心態去看待萬事萬物……

我們強調在工作中要眼疾、手快、心明，把工作抓好抓實。但漫長的人生旅途中，我們總會遇到各種各樣的瑣碎的事和煩心的事，難免會有這樣那樣的不盡如人意。為此，極個別同志也許會為一時、一事背上沉重的「思想包袱」，懷上「心病」，解不開「心結」，或認為組織、客戶及他人都與自己過不去。實際上，往往是我們自己和自己過不去。麻煩往往都是自找的，如果我們「小肚雞腸」，把組織、客戶、他人、社會都想得「很壞」，當然會自尋煩惱。解鈴尚需系鈴人，

這個時候，我們不妨「糊涂」面對，不妨「慢下來」，不妨「靜下來」，事緩則圓，時間將會化解一切，時間是最好的「解藥」。我想，竹式生存的態度也是人生的一種境界，是一門科學，更是一門藝術。

我們是一支優秀的團隊，是一支開放的團隊，是一支包容的團隊。更重要的是，我們每一個成員、每一位同志，都是開放的人、包容的人、大氣大度的人。襟懷坦蕩，敞開心扉，用心工作、快樂工作、安全工作，我們失去的是心靈的枷鎖，而獲得的必將是整個大海。

2011 年 11 月 30 日凌晨

員工心聲

以物喻人，形象生動，寓意深刻。竹子在我們生活的地方隨處可見，它們是如此普通，卻有著共生群生的高瞻遠矚，有著空明虛心的高尚品質，有著本分守篤的敬業精神，有著適時適度低頭的機敏睿智，這正是對團隊精神的最好詮釋——團結、容納、總結和反思。

之四十七

人生如茶，空杯以對

● 人生如茶，需要空杯以對，需要隨時清空，隨時放棄，隨時放下，隨時歸零……看清我們的心靈茶杯，正確評價自己……倒空我們的心靈茶杯，給身心一個空間……給我們的心靈茶杯注入新水。

各位同事：

　　大家好！

　　時值歲末，伴隨著即將到來的新年鐘聲，初步盤點今年的工作，我們的工作團隊較好地完成了各項工作任務，畫上了一個較為圓滿的「分號」。

　　在為此而感到滿意的同時，我也想到，2011年的收穫屬於你，屬於他，屬於我們團隊這個家庭、這所學校、這支軍隊。我們取得的成績也正如這個分號，分號之後還有一個又一個的分號，如果我們始終

沉醉於這個分號內取得的成績，也許我們就會變成「裝在套子裡的人」；如果我們在總結成績的同時，歸於平靜，淡然處之，並冷靜思考，那麼2012年我們整個團隊將能再劃一個更加漂亮的分號！

這裡，我想與大家分享一個小故事。一個驕傲的國王拜見高僧，請教人生真理。無論國王如何討巧，高僧一直沉默，只顧喝茶。雖然國王不愛喝茶，但高僧仍不斷地往國王杯子裡加茶，眼看國王杯子裡的茶水溢出，高僧卻並無停下之意。眼見茶水流滿桌面，國王一臉訝異，便問：「師傅，杯子已經滿了，為什麼還要加茶呢？」高僧依然不說話，繼續為國王倒茶。國王似有所悟，便把杯中茶一口喝干。高僧繼續把茶給國王滿上，問道：「你會喝茶嗎？」國王答道：「不會。」高僧說：「那就先學喝茶吧。」國王納悶了：「喝茶還要學嗎？」高僧說：「你的心就像這杯子一樣，已經裝得滿滿當當了，不把茶喝掉，不把杯子倒空，如何裝得下別的東西呢？」國王這才恍然大悟，並自此開始研習茶道，體悟人生之道。

我想，漫漫人生路，正如一個細細品茶的過程。如果說第一杯茶又苦又澀，第二杯茶濃香醇厚，第三杯茶清純淡雅，那麼第四杯茶、第五杯茶就茶淡如水了，越到後面越是「無味」。當一個人經歷了人生的苦痛掙扎，也就能成就生命的濃香，濃香之後再來品嘗苦澀，你的生命將會變得更加清醇豁達。儒家的「六十而耳順，七十而從心所欲不逾矩」，道家的「生而不有，為而不恃，功成而弗居。夫唯弗居，是以不去」，說的都是這個道理。

人生如茶，需要空杯以對，需要隨時清空，隨時放棄，隨時放下，隨時歸零。愛因斯坦曾經說過：「我評定一個人的真正價值只有

一個標準，即看他在多大程度上擺脫了自我。」這正與老子的無我思想不謀而合。正如電腦要及時清理垃圾才能提升運行速度一樣，只有空杯才能裝水，只有空房才能住人，只有空谷才能傳聲。我想，一個人如果貪婪慾望之心不遏，終將膨脹得一發而不可收。「海納百川，有容乃大」，空是一種度量、一種胸懷。「一空萬有」「真空妙有」，可見「空」才是人生的最高境界。

我們每個人都有自己的人生追求，也有現實的物質需求、精神需要。要保持「空」的境界，並跟上社會發展的步伐，這的確是一個難題。我想，有以下三個方面值得考慮：

首先，看清我們的心靈茶杯，正確評價自己。曾子曰：「吾日三省吾身。」我們也應經常審視自己工作中的思想觀念是否陳舊，掌握的知識是否過時，長期工作中累積的經驗教訓是否成為新時期工作的絆腳石，是否安於現狀，為人處事是否做到了謙和。

其次，倒空我們的心靈茶杯，給身心一個空間。正如毛澤東主席所說：「為了爭取新的勝利，要在黨的幹部中間提倡放下包袱和開動機器。」我認為，所謂放下包袱，就是去掉浮華心、功利心、虛榮心、是非心、得失心、自私心；放下歷史包袱、陳舊的思想觀念、陳舊的經驗、陳舊的工作方法；放下安於現狀、不思進取的工作態度；等等。

最後，給我們的心靈茶杯注入新水。學習新思想、新觀念、新知識、新方法，認認真真做好每一件事，踏踏實實過好每一天。從每一件小事做起，把目前工作認真做精、做好。清空杯子，空杯朝上，注入新水，裝滿新知，一切從零開始。

境由心生，事在人為。世界上沒有所謂快樂和不快樂的地方，也沒有所謂快樂和不快樂的時間，只有快樂和不快樂的人。時下，冬季的寒冷雖然刺骨，但陽光依然明媚，寒冷與溫暖交織而存，嚴冬孕育著春天的氣息。世界怎麼樣，在於我們選擇觀察它的角度。選擇生活的態度比選擇生活本身更重要。

歲月如白駒過隙。我想，我們的工作團隊及每一名成員都應能及時自省、放下、拿起，周而復始，螺旋上升。全身心地投入了，用心去感受過程中的酸甜苦辣，將點點滴滴刻在心裡、融在血液中，春蠶破繭，必有新生。

展望2012年，讓我們放下、卸下各種各樣的「包袱」，留一個「空杯」心態。放下包袱，就能輕裝前進；輕裝前進，定能走得更遠。

新年將至，祝您和您的家人和和美美、幸福安康、新春快樂！

2011年12月30日晚

員工心聲

對於人生這個問題，我也認真思考過，為什麼有的人一生過得如此灑脫？而有的人一生過得如此躊跚？拋開先天生理條件、物質生活條件等客觀因素不談，自己的心態肯定起到了極為重要的作用。

放下思想的包袱，以輕鬆的心態面對人生中遇到的難題，我們就會獲得快樂，從而讓自己的人生過得更加灑脫。積怨、積恨、積怒，終致積重難返，心靈難以承受，人生定是步履躊跚。

之四十八

2012，向幸福再出發

● 是一名戰士，就要去戰鬥；是一名學生，就要努力學習；是一名家庭成員，就要不斷付出。只要我們齊心協力，我們這支軍隊就會戰無不勝！我們這所學校就會人才輩出！我們這個家庭就會更加和睦！

各位同事：

新年好！

1月中旬，我圍繞「幸福人生與職業成長」這個主題，與一些同事進行了交流。我想，當我們呱呱墜地時，就有了物質和精神追求，但眾多追求之中，幸福與快樂是最首要的。追求幸福與快樂是一種權利，也是一種責任。

追求幸福是一種權利。《論語》說：「邦有道，貧且賤焉，恥也；邦無道，富且貴焉，恥也。」當前，國家日益昌盛，經濟文化大發展，

每個人都有權利也有機會去追求幸福和快樂。況且人一生下來,就注定要走向死亡。在歷史的長河中,我們不過是滄海一粟,人生短暫,我們就應好好珍惜、享受人生,為了理想不懈奮鬥,把有限的生命活得精彩、過得有意義。

追求幸福也是一種責任。在家裡,我們是兒女,就要讓父母過得幸福,也是對父母盡孝;是父母,就要讓兒女過得幸福,也是對兒女負責。在社會上,我們要遵章守紀,做一名合格的公民,不斷追尋幸福和快樂,從而增強社會的幸福感。在團隊中,我們是兄弟姐妹,就要關愛包容;是同學,就要互幫互助;是戰士,就要敢於戰鬥、敢於勝利。這樣,「我」成長了,團隊也成長。在整個團隊幸福感增強的同時,也增添了「我」的幸福。

2012年,如何追尋幸福?我想,如果說「我」是一輛奔馳的汽車,我們這個團隊就是展示「我」的舞臺與道路。2012年,讓我們做好準備,踏上新徵程,向幸福再出發吧!

底盤要紮實,也就是說,要有健康的體魄。健康是「1」,權利、職務、金錢、名譽是「0」,沒有健康這個「1」,再多的「0」都沒有意義,只有健康,才會快樂。「唯有天賜,才有健康。」這個「天」就是我們自己。「身體是革命的本錢」,需要自我關愛,自我關心。「要硬得起,但不要硬撐。」我們在努力工作的同時,也要學會放鬆,學會調節。一要有合理的膳食;二要有適量的運動,生命在於運動;三要有健全的心靈。

馬達要強勁,也就是說,要有充實的大腦。人為什麼在「邦有道」的情況下,仍然會痛苦、悲觀、看問題極端片面?就是大腦不充

實。如何充實我們的大腦呢？就要多讀書、多學習。我們要向書本學習，向實踐學習，向模範人物學習。除學習業務知識外，我們還要多學歷史知識、社會知識、禮儀知識。工作生活中，面對實際問題，不要絕對化，不能非此即彼，要用聯繫的和發展的眼光看問題，這樣認識問題和解決問題才會全面、客觀、公正。

技術要先進，也就是說，要有陽光的心理。「積極心態像太陽，照到哪裡哪裡亮。」追尋幸福，一定要有陽光的心態。一是要有光明思維，看任何事情，多看積極的、陽光的一面；二是要積極向上，遇到困難時，想想抗震救災時震不垮的堅強意志，想想我們身邊的千年古樹，久經風雨依然壯大成長；三要學會信息化生存，要懂得「對等、開放、互動、分享、交流」，要尊重身邊的人，平等待之。農耕時代，誰有土地誰就有地位；工業化時代，誰有機器誰就是「大佬」；信息化時代，誰掌握信息誰就有主動權，誰就擁有財富。「信息為王，溝通為王。」何為溝通？就是協調，即用十分的心力去做，把言語說周到。做工作，言談舉止代表著團隊形象，要得體。與人相處，要「吃得虧」，才能「打得堆」。

煞車要靈敏，也就是說，政治上要安全。我們要有敬畏意識，敬畏法律、政策。權力是雙刃劍，要慎權。凡事要考慮風險，能否做？是否符合法律政策的規定？若沒有法律政策上的安全，再完美的事也不能去做。在工作中，首先要遵守法律法規和紀律規定。「生命誠可貴，自由價更高。」自由必須要在法律的框架之內，「自由而不逾矩」。我們要注意廉潔安全，「100－1＝0」。事業再大，健康再好，沒有廉潔這個「1」，一切等於「0」。也就是說要「守住底線，不碰高壓

線」。團隊裡的每一名成員，只有守住安全線，才可能幸福快樂。

道路要平坦，也就是說，要有穩定的職業。我們要用情、用心、用勁、用力工作，職業才會穩定。我們要自尊，看得起自己的職業；要自重，要為自己的職業努力，為團隊利益努力；要用心工作，把團隊當作自己的家；要用情工作，對職業、對團隊的一草一木都要有感情；要用勁用力，要像蛟龍出海、猛虎下山、雄鷹展翅一樣。是一名戰士，就要去戰鬥；是一名學生，就要努力學習；是一名家庭成員，就要不斷付出。只要我們齊心協力，我們這支軍隊就會戰無不勝！我們這所學校就會人才輩出！我們這個家庭就會更加和睦！

2012，讓我們向幸福再出發！

2012 年 1 月 30 日晚

員工心聲

讀罷此信，思如潮湧，好像此時的自己已經變成了一輛飛奔在馬路上的汽車。這輛飛奔的汽車擁有紮實的底盤、擁有強勁的馬達、擁有先進的技術、擁有靈敏的煞車，與此同時，眼前是一條平坦的大道。

這輛飛奔的汽車也正如擁有健康體魄、擁有充實大腦、擁有陽光心理、牢記安全意識、奮鬥在穩定職業道路上的我們，一路向前，向著「幸福」的目的地進發。

之四十九

責任，是一種能力

● 一個人不負責任，就會被人輕視，失去信任，碌碌無為。一個組織不負責任，就會作繭自縛，失去客戶，最終倒閉。

各位同事：

　　大家好！

　　最近看到一則「舊聞」，讓我深有感觸。位於武漢市鄱陽街的景明大樓建於1917年，在它度過了80個春秋後的一天，突然收到當年的設計事務所從英國寄來的一份函件。函件告知：景明大樓為本事務所1917年設計，設計年限為80年，現已到期，如再使用為超期服役，敬請業主注意。

　　我想，從英國遠涉重洋寄來的不僅僅是一封函件，更是一份沉甸甸的責任。這也讓我對責任有了一些新的認識，想和大家一起分享。

一提到責任，很多時候大家想到的是壓力、是追究，其實責任還可以從多個角度來解讀。莎士比亞說：「生活如契約，每個人都有著不可推卸的責任。」比如說，在家庭，我們要孝敬父母、撫養兒女，責任可以理解為愛。在社會，我們要遵規守紀，有公德心，有愛心，這時責任就是一種義務。我們這艘和諧團隊之舟要碧波揚帆，破浪前行，需要我們練就一雙千里眼，練成一對順風耳，從這個意義上講，責任就是一種能力。

　　一個人不負責任，就會被人輕視，失去信任，碌碌無為。一個組織不負責任，就會作繭自縛，失去客戶，最終倒閉。那麼，如何讓責任落到實處呢？我想，我們可以從以下四個方面去努力：

　　首先，有責任感。《綠野仙蹤》裡講述了一個「奧芝法則」：達成目標所需的力量就在自己身上。我們常說「求人不如求己」也是這個道理。其實我們每個人身上都有無限的潛能，而開啓這扇門的鑰匙就是要有強烈的責任感。在工作中遇到難事不推，碰到矛盾不繞。在生活中直面現實，主動擔責。我們的工作就會變被動為主動，我們也會從茫然、忙碌、盲目中解脫出來。

　　其次，掌握方法。方法是一種智慧，掌握了正確方法可以「事半功倍」，否則會「事倍功半」，甚至「事與願違」。當前，我們所從事的工作頭緒多、任務重、壓力大，我們要學會用統籌兼顧的方法去思考、解決問題。

　　再次，力求精品。我們都是「生產者」，要讓自己的產品「適銷對路」，除了做好行銷工作，最主要的還是要提高「產品質量」。任何一件事，要做就做成精品、做出特色、做出水準，做出來的「產品」

始終超出客戶要求一點點。干工作，要堅持務求實效、爭創一流的原則，絕不馬馬虎虎、流於一般。

最後，搶抓機遇。我們當前面臨一些難得的機遇，我們一定要有「等不起」的危機感、「慢不得」的緊迫感，搶抓機遇。看準了的事，不違法、不違規，就抓緊時間落到實處，讓靈感、計劃落地生根、開花結果，而不能慢條斯理，磨磨蹭蹭，瞻前顧後。對待工作，不懈怠、不荒廢，做到好中求快、快中求優、穩中求進。我想，當養成現在就做的習慣時，我們也就掌握了個人進步和組織成長的精髓。

「守職而不廢，處義而不回。」如果我們每個人都能立足本職工作，忠於職守，做到在其職謀其政，居其位盡其責，再大的困難也會成為「浮雲」了。

2012 年 3 月 26 日

員工心聲

有責任感的人才值得信任。責任感促使我們努力工作，為了團隊的發展而盡心盡力；責任感促使我們努力地去追求幸福，為了家庭的和諧美滿而不懈奮鬥。

沒有責任感，辦起事來馬馬虎虎，隨心所欲，只顧自己的感受，我們將失去在團隊或家庭中存在的意義，變成可有可無的一員，甚至變成一個累贅。

之五十

團隊健康，需要體檢

● 個人「保本」要經常體檢，團隊亦如此。要保證團隊肌體的健康和團隊工作的順利開展，我們的團隊也應相信「醫生」，並常常主動參加「體檢」。

各位同事：

大家好！

最近看到一則故事，與大家分享。某個家庭有兩個兒子：老大和老二。兩兄弟從小身體很健康，幾乎連感冒都沒得過。但老大活了80多歲，而老二40多歲就暴病身亡。後來，他們的子女在整理遺物時才發現：無論寒暑，老大每年都堅持體檢；而老二根本就不相信醫生，更不必說去醫院體檢了。

眾所周知，「身體是革命的本錢」。要想「保本」，首先就應該像老大一樣相信醫生，經常體檢，通過體檢及早發現問題、解決問題，

才容易「保本」,才不至於發展成老二那樣的「大問題」。「諱疾忌醫」的故事大家都頗為熟悉。神醫扁鵲發現蔡桓公病了,並告訴他病在皮膚紋理之間,但蔡桓公卻不承認而失去了最佳的治療時機,病症就逐漸發展到肌膚裡、腸胃裡、骨髓裡,最終「桓侯遂死」。小病不治釀成大病,大病不治釀成絕症,絕症的時候,即使是扁鵲這樣的神醫也無力回春了。

最近,上級對我們團隊近年工作和班子隊伍建設情況進行了檢查。我感到,個人「保本」要經常體檢,團隊亦如此。要保證團隊肌體的健康和團隊工作的順利開展,我們的團隊也應相信「醫生」,並常常主動參加「體檢」。慶幸的是,我們團隊就常有這樣的免費「體檢」機會,而且還有一套完善的制度。實際上,這些監督檢查就是對團隊工作的全方位「體檢」。而每一次體檢,都是我們團隊借助外力發現問題、修復問題和完善提高的過程。

望、聞、問、切是中醫診病的常用方法,這「四診法」中尤以問診最難。因為病人可能不會說話,如新生嬰兒;或者不願意說話,如抑鬱症患者;說話的人又可能說假話,如蔡桓公之類即使有病也說沒病,或虛請病假者本來沒病卻說有病,更有甚者,得了此病卻說彼病。不說話或說假話的人都要付出代價。不會說話的新生兒得病後常常要承受更多痛苦,不願說話的抑鬱症患者更難以康復,有病說沒病的人蔡桓公就是其「榜樣」,沒病說有病的人最終還要為醫生開的處方買單,有此病卻說彼病的人常常可能因誤診而遭受更多的痛苦。

因此,我們需要不同層面的團隊「醫生」。當他們「問診」時,我們都有權利更有義務開口說話、用事實說話、用數據說話,不隱

瞞、不轉移、不誇大，也不無中生有。唯有如此，「醫生」才能確診，才好「對症下藥」，才能讓我們的團隊肌體更加健康，讓我們的團隊工作更加出色。

我想，團隊的健康，是我們事業的本錢，也是我們的工作團隊成長的本錢。保住了本錢，方能「一本萬利」，推動科學發展，實現又好又快發展。

2012 年 4 月 25 日

員工心聲

對於個人來說，通過體檢可以發現身體的疾病，及時加以治療和控制，確保身體的健康；對於團隊來說，通過一系列有效的監督、檢查方式，發現自身存在的問題，並有針對性地加以解決，才能確保團隊的健康發展。

監督檢查正如個人體檢一樣，是發現問題的有效方式，是解決問題的初始環節。因此，絕不能把監督檢查看成「緊箍咒」，看成負擔，而應當積極地配合監督檢查，及時發現並解決存在的問題。

之五十一

自知者智，自知者明

● 人生在世，各自的肩上扛著一個褡子。前面裝的是別人的過錯和醜事，因為經常擺在自己眼前，所以看得清清楚楚；背後裝的是自己的過錯和醜事，所以自己從來看不見，也不理會。

各位同事：

大家好！

近年來，在與同事們交流的過程中，我們注意到一個現象：有不少同志一腔熱血、滿懷壯志，卻又憤世嫉俗，對很多事、很多人看不順眼，習慣於埋怨他人、埋怨環境、埋怨命運，工作和生活得很「鬱悶」。對此，我想起了孔子所說的「躬自厚，而薄責於人，則遠怨矣」。的確，如果能常常反省，多從自身找原因，責備自己多，就無暇埋怨別人了，自然也不會招來別人的怨恨。

但現實卻往往不是這樣，問題正如文藝復興時期的法國作家拉伯雷所說，人生在世，各自的肩上扛著一個褡子。前面裝的是別人的過錯和醜事，因為經常擺在自己眼前，所以看得清清楚楚；背後裝的是自己的過錯和醜事，所以自己從來看不見，也不理會。

「認清你自己」，這是刻在古希臘神廟石牆上的話。認清自己並不是一件容易的事情，需要我們終其一生去磨煉、去追求、去努力。

要想認清自己，最簡單的辦法就是找到合適的「鏡子」。平常照鏡子，我們都不會用哈哈鏡，哈哈鏡裡的自己也許更令人滿意，但我們都知道哈哈鏡裡的自己不是真實的自己。實際上，在工作和生活中也有哈哈鏡，有的同志讚美的話、好聽的話聽得多了、聽得久了，就真以為自己十全十美了，而一旦將公眾、客戶的「火眼金睛」作為鏡子照在身上，讓群眾「雪亮的眼睛」真正發揮作用，一切都會現出原形。因此，我們每一個人都應以諍友為師，以諍友為鏡。

進一步認清自己，還應當「不遷怒，不貳過」。從人的本性上說，沒有人願意做錯事，可事情做錯了必然有其原因。只要我們是參與者，就負有不可推卸的責任。因此，我們首先應「不遷怒」，即不把過錯歸咎於環境、歸咎於他人。「5/12」汶川大地震之後，我們喊出了「出自己的力，流自己的汗，自己的事情自己干」「有手有腳有條命，天大的困難能戰勝」的口號，這正是不怨天尤人，自力更生，攻堅克難的生動體現。一直以來，我們團隊提倡的「不為失敗找藉口，只為成事想辦法」，說的也就是不能因失敗而抱怨環境、抱怨他人，而要從自身找原因，去找辦法、想措施，把事情做得更好，推動事業長足發展。

認清了自己，自然就做人有主見、做事有主張。有一個笑話說，爺孫倆買了一頭驢往家走，爺爺看孫子小就讓孫子騎在驢上，走著走著，有人說這孫子不懂孝敬爺爺；孫子聽後就讓爺爺騎在驢上，此時又有人指責爺爺不疼孫子。怎麼辦？爺孫倆乾脆都不騎了，牽著驢走，可又有人笑話他們放著好好的驢不騎，是傻瓜。聽到這話，爺孫倆又都騎在驢身上，可還是有人說，這爺孫倆心真狠，存心想把驢累死。最後，沒辦法，爺孫倆把驢的四蹄綁起來抬著走了。當然這只是笑話，可現實中的「爺孫倆」也並不少見，別人怎麼說就怎麼做，弄到最後四處碰壁無路可走。究其原因，一是對別人的話不加辨別，但最主要的還是沒有認清自己，因為只有認清自己、真正自知的人才會坦然堅守，走自己的路。

自知者智，自知者明。不怨天，不尤人，不遷怒，不貳過，反求於己，有主張，有主見。我們團隊裡的每一個人都應當是自知的人，而作為一個整體，我們也應當是一個自知的工作團隊，會虛心聽取不同的意見和建議，卻不會受「雜音」的干擾。我們會沿著正確的道路和方向，腳踏實地、堅定不移地朝前走，朝希望處走，朝光明處走。

2012 年 5 月 27 日

員工心聲

自我認知並不是什麼新鮮話題，從人類誕生開始，我們便開始不斷地發現自己、瞭解自己，因為只有對自己有充分的瞭解，才可能取

得更好的發展。從這個意義上說，一部人類發展史也就是人們自我認知的過程。

在一個團隊中，若缺乏自我認知，搞不清自身定位，認識不到自己的優勢和劣勢，干工作誤打誤撞，其結果可想而知，團隊的發展肯定毫無前景。

之五十二

我與團隊同成長

● 一個人，一個團隊追逐目標幸福、擁有目標幸福、感念過程幸福。我想，我們這個團隊及其中的每一個「我」都應當有目標、有動力，並在成長過程中用心工作、安全工作、快樂工作。

各位同事：

　　大家好！

　　最近，有位同事對我講：「上個月『五四青年節』期間，我參加了學校為孩子舉行的18歲成人禮。18歲過後，他們就是一名獨立的社會人，就要為自己的言行舉止負全責了，孩子將來如何成長，主要靠他們自己了。」這也讓我想起，自我們這個團隊組建以來，「我」與團隊和衷共濟、風雨同舟、相互依存、共同成長也剛好快有18年了，那就請為我們這個團隊、也為我們舉行成人禮吧！

這次成人禮的主題堪稱永恆——我與團隊同成長。

作為團隊，儘管尚面臨不少矛盾和困難，尤其是發展、創新的任務較重，但我們這個團隊正在朝著服務型團隊、責任型的團隊不斷邁進，朝前走、朝上走的趨勢已不可逆轉，事業的發展為我們的成長打好了基礎、鋪平了道路。

18歲，我們成人了。在學校，把學習當成是自己的事，沒有誰「要我學」，而是「我要學」；在家裡，吃穿住用是自己的事，得多干活、多給家庭做貢獻，才可能吃得舒服、穿得舒心、住得舒坦；到軍隊，我們要一切行動聽指揮，站有站相、坐有坐相，才算得上一名合格的軍人。

18歲，我們成人了。作為社會中、團隊中的一員，我們得學會換位思考、求同存異，因為只有這樣，才能產生協同效應，增加團隊利益，增進社會福利。事實上，「我」與團隊休戚相關、榮辱與共。對「我」來講，團隊就是安身立命的基礎，應當用責任心和行動推動團隊發展壯大，「我」才有更多的機會、更大的發展空間。換位思考，團隊要發展，也得合法、合理、合情地為「我」的成長成才服好務。

18歲，我們成人了。成人禮上，檢視自我不可或缺。因為從此以後，就得「留自己的汗、吃自己的飯、自己的事情自己干」了。首先，我們要認清自己，知道自己的優點是什麼，缺點在哪裡；其次，我們要根據「我」的實際，結合團隊的需求，取人之長補己之短，自我修復，自我完善；最後，我們要學以致用，竭盡所能地把簡單的事情做得不簡單，在平凡的崗位上做出不平凡的業績，實現「今天我以團隊為榮，明天團隊以我為榮」的目標。

18歲，我們成人了，但這不是成長的終點，而是新的起點。走在新的成長道路上，我們發現：這個時代，沒有誰能獨自成功，沒有完美的個人，只有完美的團隊。團隊是個人力量的放大器，只有融入團隊，才能更好地實現個人價值，才能真正「實現自我超越、共築和諧團隊」。我們團隊的發展經歷了幼兒期、童年期和少年期，這次成人禮，正式宣告了團隊的發展和「我」的成長由量變到質變，邁上了新臺階。現在，我們團隊的願景、使命和目標已非常清晰，實現途徑和落實措施也已基本成型，團隊建設的「萬事」早已具備，只欠持續落實改進的「東風」了！而這正依賴於每一個「我」的不懈努力與身體力行。

這次成人禮的主題，「我」和團隊不能忘記，也不會忘記。迴歸主題，「我與團隊同成長」正是「我與祖國同成長」的具體化、清晰化。也許個別同事未必意識到這一點，也許個別同事意識到了也未必認同，但作為一個基本運行軌跡，它是客觀存在的。我想，進了我們這個團隊，我們就會從落地、生根，到開花、結果，一路陪伴，經歷一個孩子成長成才的全過程。

一個人，一個團隊追逐目標幸福、擁有目標幸福、感念過程幸福。我想，我們這個團隊及其中的每一個「我」都應當有目標、有動力，並在成長過程中用心工作、安全工作、快樂工作。

時光如梭。不經意間，寫給大家的公開信已經達到54封了。相當於給大家發了一副心理建設的「撲克牌」，我們每一個人才是真正的「玩家」。員工的心，組織的根。實事求是地說，這些信以只言片語的方式進行交流有其好處，但還存在我說你聽、單向模式化等問

題。我想，我們不妨改變一下，以更多開放、有效的方式，有針對性地與大家面對面、點對點互動式交流，在內容的選擇上也可以更豐富。更重要的是，大家可以從自己的角度出發，設計命題「作文」，由我們共同完成。

2012 年 6 月 30 日

員工心聲

18 載春秋，我與團隊同行。很榮幸能夠見證我們團隊 18 年來的每一步發展。

18 年來，團隊成員風雨同舟一路前行，克服各種困難，化解重重危機，從最開始的業內新軍，到如今的行業領軍；從最開始的業務手工操作，到如今的業務高度現代化，每一次成長與進步，無不凝聚著團隊全體成員的艱辛與汗水。特別是面對特大地震災害，我們沒有被嚇倒、沒有退縮，而是團結一心，迎難而上，迅速投入重建，恢復團隊業務，使我們工作業績在震後仍然保持穩定增長，在同行業中穩居前列。

回望過去，我們感慨萬千；展望未來，我們激情滿懷。心在，愛在，一切在，相信經過歲月的洗禮，經過我們共同的努力，團隊一定會迎來更加輝煌的明天！

國家圖書館出版品預行編目（CIP）資料

管理從心開始 / 川水流 著. -- 第一版.
-- 臺北市：財經錢線文化, 2019.06
　　面；　公分
POD版

ISBN 978-957-680-352-9(平裝)

1.組織管理 2.通俗作品

494.2　　　　　　　　　　　　　　　　108007775

書　　名：管理從心開始
作　　者：川水流 著
發 行 人：黃振庭
出 版 者：財經錢線文化事業有限公司
發 行 者：財經錢線文化事業有限公司
E-mail：sonbookservice@gmail.com
粉 絲 頁：　　　　　網　址：
地　　址：台北市中正區重慶南路一段六十一號八樓815室
8F.-815, No.61, Sec. 1, Chongqing S. Rd., Zhongzheng Dist., Taipei City 100, Taiwan (R.O.C.)
電　　話：(02)2370-3310　傳　真：(02) 2370-3210
總 經 銷：紅螞蟻圖書有限公司
地　　址：台北市內湖區舊宗路二段121巷19號
電　　話：02-2795-3656　傳真：02-2795-4100　網址：
印　　刷：京峯彩色印刷有限公司（京峰數位）

本書版權為西南財經大學出版社所有授權崧博出版事業股份有限公司獨家發行電子書及繁體書繁體字版。若有其他相關權利及授權需求請與本公司聯繫。

定　　價：299元
發行日期：2019年 06 月第一版
◎ 本書以 POD 印製發行